RPB Nr. 151

RPB Nr. 151

Dieter Nührmann

Operations-verstärker für Einsteiger

Eine leichtverständliche Einführung
in Aufbau, Technik und Arbeitsweise
mit praktischen Schaltungen

Mit 183 Abbildungen

FRANZIS

CIP-Titelaufnahme der Deutschen Bibliothek

Nührmann, Dieter:
Operationsverstärker für Einsteiger: eine leichtverständliche Einführung in Aufbau,
Technik und Arbeitsweise mit praktischen Schaltungen/Dieter Nührmann. –
3., neubearb. u. erw. Aufl. – München: Franzis, 1990
   (RPB; Nr. 151)
   Bis 2. Aufl. u. d. T: Nührmann, Dieter: Operationsverstärker in der Hobbypraxis
   ISBN 3-7723-1513-5
NE: GT

© 1990 Franzis-Verlag GmbH, München

Satz: Franzis-Druck GmbH, München
Druck: Offsetdruck Hablitzel, Dachau
Printed in Germany, Imprimé en Allemagne.

ISB N 3-7723-1513-5

Vorwort

Der Operationsverstärker nimmt eine Spitzenstellung im Bereich der aktiven elektronischen Bauelemente ein. In allen Bereichen der Elektronik erfüllt er wichtige Regel-, Meß-, Verstärker- und Schaltfunktionen. Der Operationsverstärker kann somit recht einfache Aufgaben, aber auch komplexe Schaltfunktionen erfüllen.

Um einen Einstieg in diese Technik zu gewinnen, ist es erforderlich, sich zunächst mit dem Basiswissen für den OP-AMP zu befassen. Dazu ist dieses Buch gedacht. Mit leicht verständlichen Erklärungen werden die Grundlagen und auch eine Vielzahl von Schaltungen aus der Praxis beschrieben. Mit einfachen Nachbauschaltungen ist es leicht, die gebotene Theorie in der Praxis bestätigt zu finden. Dieses Wissen ist ausreichend, um beim Operationsverstärker „mitreden" zu können. Es ist der Einstieg in die OP-AMP-Praxis für das Studium, genauso wie für den Amateurelektroniker.

Ein weiterführendes Buch mit dem Titel „Operationsverstärker-Praxis", aus dem Teile in das vorliegende Werk übernommen wurden, ist für das Studium, den Bereich der Entwicklung und das Labor gedacht. Der gehobene Bereich der Amateurelektronik findet hier seinen Abschluß. Auch dieses Buch ist aus der täglichen Praxis in meinem Labor entstanden. Das erforderliche Grundwissen dafür kann dem Band „Transistor-Praxis" entnommen werden. Beide Bücher sind ebenfalls im Franzis-Verlag erschienen.

Dieter Nührmann

Wichtiger Hinweis

Die in diesem Buch wiedergegebenen Schaltungen und Verfahren werden ohne Rücksicht auf die Patentlage mitgeteilt. Sie sind ausschließlich für Amateur- und Lehrzwecke bestimmt und dürfen nicht gewerblich genutzt werden*).

Alle Schaltungen und technischen Angaben in diesem Buch wurden vom Autor mit größter Sorgfalt erarbeitet bzw. zusammengestellt und unter Einschaltung wirksamer Kontrollmaßnahmen reproduziert. Trotzdem sind Fehler nicht ganz auszuschließen. Der Verlag und der Autor sehen sich deshalb gezwungen, darauf hinzuweisen, daß sie weder eine Garantie noch die juristische Verantwortung oder irgendeine Haftung für Folgen, die auf fehlerhafte Angaben zurückgehen, übernehmen können. Für die Mitteilung eventueller Fehler sind Autor und Verlag jederzeit dankbar.

---

*) Bei gewerblicher Nutzung ist vorher die Genehmigung des möglichen Lizenzinhabers einzuholen.

Inhalt

1 Der Operationsverstärker

Seinem Namen entsprechend wird der Operationsverstärker vorwiegend für Verstärkungszwecke eingesetzt. Dabei sind ein paar charakteristische Daten, oder genauer Grenzen, des Anwendungsgebietes interessant. Wir wollen uns diese erst einmal kurz ansehen. Dann wird die Entscheidung leichter fallen, ob dieses Bauelement für den geplanten Einsatz in Frage kommt.

– Verstärkung: Hier werden Werte von $V_u = 1...500$ in praktischen Fällen leicht erreicht und eingestellt.
Theoretische Möglichkeiten liegen bei über 50 000fach und führen zu Unstabilitäten.

– Eingangswiderstand: 200 kΩ...5 MΩ bei bipolarem Eingang $> 10^{12}$ bei FET-Eingang

– Ausgangswiderstand: $\approx$ 50 Ω...500 Ω, typisch 75 Ω

– Frequenzgrenzen: 0...10 kHz bei voller Aussteuerung, bei OP-AMP mit hoher Slew rate 0 bis > 1 MHz

– Ausgangsströme: $\leq$ 20 mA (Sondertypen 65 mA)

– Betriebsspannung: (dual) $U_B = \leq \pm 18$ V

– Ausgangsspannung: max. $U_A \approx 0,75 \cdot U_B$

– Oftmals Frequenzkompensation und Fehlspannungskompensation erforderlich.

Diese hier angeschnittenen Fragen finden eine weitere Beantwortung in diesem Buch für den ersten Einstieg in diese Technik. Es sei darauf hingewiesen, daß für den professionellen Anwender das Buch „Operationsverstärker-Praxis" (Nührmann – Franzis-Verlag) vorliegt.

1.1 Der Operationsverstärker und was dahintersteckt

Die Bezeichnung „Operationsverstärker" ist eine Übersetzung des amerikanischen „Operational Amplifier". Die Amerikaner kürzen das ab und sagen „OP-AMP". „Amplifier" ist einfach, es heißt Verstärker. Das „Operation" bezieht sich auf logische Operationen der Analogrechentechnik. Man benutzte früher und zum Teil auch heute noch den OP-AMP zum Ausführen von einfachen Additionen, Subtraktionen usw.

Das soll uns jedoch in unserer Hobbypraxis nicht stören, denn genaugenommen ist so ein OP-AMP ein hochwertiger linearer Transistorverstärker mit einer unwahrscheinlich großen – übrigens in der Praxis nicht ausnutzbaren – Spannungsverstärkung V_u. Da werden leicht Werte, das ist ein bißchen vom Typ abhängig, zwischen 20 000fach bis 500 000fach erreicht. Daß diese Verstärkung nun irgendwie gebändigt werden muß, ist klar. Dafür ein einfaches Beispiel: Ein Mikrofon liefert eine Klemmenspannung von 10 mV, der OP-AMP hat ein V_u von 100 000, dann wird die theoretische Ausgangsspannung U_A = 10 mV · 100 000 = 1000 V. Wo sollen die herkommen bei einer Betriebsspannung von 12 V? Deshalb wird auch – und das werden wir noch recht genau besprechen – die Leerlaufverstärkung des OP-AMP durch eine Gegenkopplung reduziert. Dazu sind immer – da gibt es keine Ausnahme – zwei Widerstände erforderlich. So, und damit wird nun für uns, zunächst rein gedanklich, so ein OP-AMP doch recht einfach im praktischen Gebrauch, wenn er also nur zwei Widerstände für seine äußere Beschaltung braucht. Und trotzdem muß das Ding immer noch (mindestens) fünf Beinchen haben? Das liegt dann nicht am komplizierten Innenaufbau. Der Grund ist vielmehr darin zu suchen, daß jeder Operationsverstärker zwei Eingangsklemmen, einen Ausgang sowie zwei Anschlüsse für die Betriebsspannung (Plus und Minus) hat. Darüber hinaus haben hochwertige OP-AMPs oft noch ein paar Hilfsanschlüsse für Stabilisierungsmaßnahmen.

1.2 Gehäuseformen und einfache Versuchsprints

Bevor wir nun in die „innere" Elektronik einsteigen, wollen wir uns ihre äußere Verpackung einmal ansehen. Dazu gleich einmal *Abb. 1.2.-1*. Dort sind zunächst die wichtigsten Gehäuseformen von OP-AMPs gezeigt. Die gibt's also mit schön im Kreis angeordneten Anschlußdrähten, oder im Doppelgänsemarsch des Dual-in-line-Gehäuses. Sonderausführungen sind auch noch möglich. Oftmals ist ein und derselbe Typ in mehreren Gehäuseformen lieferbar.

Noch etwas zum Thema Biegen. Wenn einmal so ein OP-AMP-Beinchen gebogen werden muß, dann bitte mit kleiner Spitzzange zwischen Biegestelle und Gehäuseboden – und mindestens 5 mm Drahtlänge ab Gehäuseboden gerade lassen. Bei sehr kurzem Anlöten < 8 mm gilt folgendes: Wärme vor dem Gehäusebogen

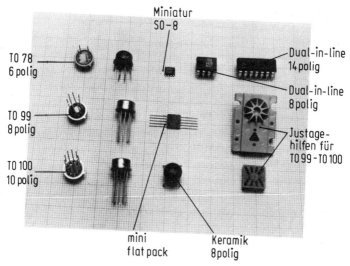

Abb. 1.2-1 Der OP-AMP und seine Bauformen

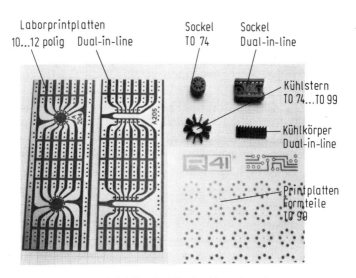

Abb. 1.2-2 Hilfsmittel für den Versuchsaufbau

mit einer Zange abführen. Es gibt Spezialisten, die das Metallgehäuse im Chassisaufbau anlöten. Ich würde es lieber sein lassen. Sinnvoller ist es, nach *Abb. 1.2-2* Fassungen zu benutzen, in die die Beinchen vorsichtig, exakt und gleichmäßig eingefädelt werden. Beim Dual-in-line-Gehäuse geht's einfacher. Auf der Abb. 1.2-2 sind weiter noch zwei Printplatten für unsere Versuchsaufbauten gezeigt. Wenn wir dort noch Fassungen drauflöten, kann es mit der Montage kaum Schwierigkeiten geben. Wer will, kann sich mit den Formteilen (ebenfalls Abb. 1.2-2) selbst eine Platine bauen. Da die meisten OP-AMPs bis 100 kHz vernünftig arbeiten, ist der Aufbau auch gar nicht so kritisch.

1.3 Der Operationsverstärker und seine Spannungsversorgung

Der OP-AMP hat in seinem Innern einen recht logischen elektronischen Schaltungsaufbau mit drei Grundstufen, der fast allen OP-AMPs eigen ist. Der Eingang mit seinen beiden Anschlüssen besteht aus einem driftarmen, symmetrisch aufgebauten Differenzverstärker. Danach folgt ein asymmetrischer Nachverstärker und drittens die Endstufe. Viel auf einmal, deshalb sehen wir uns auch erst einmal die *Abb. 1.3-1* an, wo eine einfache Transistorverstärkerstufe gezeigt ist. Einfach ist es dann, das Symbol nach *Abb. 1.3-2* zu benutzen. Das Minuszeichen im Eingang deutet auf die 180° Phasendrehung hin. Beim OP-AMP mit seinen drei Stufen, bis zu 40 Transistoren und Einzelbauteilen ist es aufwendig, das Schaltbild in jeder Schaltung – z. B. nach Abb. 1.3-2 – mitzuzeichnen. Das geht einfacher mit dem Ersatzbild in Abb. 1.3-2. Übrigens wollen wir uns zunächst um die Anschlüsse K_1 und K_3 nicht kümmern.

In das OP-AMP-Symbol wird oft die IC-Bezeichnung sowie der OP-AMP-Typ hineingeschrieben. Die meisten OP-AMPs haben eine Anschlußbelegung nach Abb. 1.3-2, besonders auch der für uns recht preiswerte und universell einsetzbare Typ 741. Nun sieht jedoch die Abb. 1.3-1 mit dem Schaltsymbol zumindest aber die Abb. 1.3-2, vom Eingangs- und Ausgangspotential gesehen,

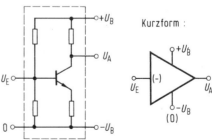

Abb. 1.3-1 Der einfache Transistorverstärker und sein Symbol

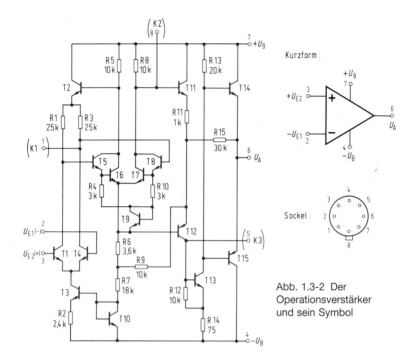

Abb. 1.3-2 Der Operationsverstärker und sein Symbol

etwas „in der Luft hängend" aus. Wir sind es gewohnt, die Eingangs- und auch die Ausgangsspannung auf ein festes (ruhendes) Massepotential zu beziehen. Das soll auch hier nicht anders sein. Merken wir uns gleich einmal:

1. Bei richtig eingestelltem Arbeitspunkt eines Operationsverstärkers ist das Ruheeingangspotential genauso groß wie die Ruheausgangsspannung. Damit soll gesagt werden, daß dann die Spannung in Abb. 1.3-2 zwischen U_{E1} und U_A oder U_{E2} und U_A gleich null Volt ist.

2. Diese (Ruhe-)Spannung ist bei richtig eingestelltem Arbeitspunkt immer gleich der Hälfte der gesamten zur Verfügung stehenden Betriebsspannung.

14

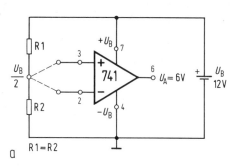

Abb. 1.3-3
a) einfache
Spannungsversorgung

b) duale
Spannungsversorgung

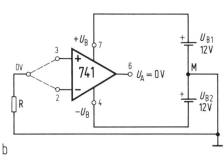

● *Die beiden möglichen Arten der Spannungsversorgung*

1) Die einfache Spannungsversorgung

Damit's einfacher wird, hier gleich zwei Beispiele. Bei der „einfachen" Spannungsversorgung nach *Abb. 1.3-3a*, also mit einer Betriebsspannung U_B, werden beide Eingänge U_{E1} und U_{E2} (getrennt!) z. B. über den Spannungsteiler R_1 und R_2 auf $\frac{U_B}{2}$ festgelegt. Somit ist dann die Ausgangsspannung ebenfalls $\frac{U_B}{2}$, also 6 V bei einer 12-V-Betriebsspannung.

2) Die duale Spannungsversorgung

Anders bei der „dualen", der „doppelten" Spannungsversorgung nach *Abb. 1.3-3b*. Dort werden beide Eingänge auf Masse bezo-

15

gen, z. B. über je einen Widerstand R. Somit liegen am Eingang 3 und 2 null Volt, also ist nach der vorherigen Erklärung auch der Ausgang = null Volt. Oder nach dem Argument der „Hälfte der zur Verfügung stehenden" Betriebsspannung wird

$$U_A = \frac{U_{B1} + U_{B2}}{2} = \frac{12\ V + (-12\ V)}{2} = 0\ V.$$

Dabei denken wir an die in Serie geschalteten Batterien U_{B1} und U_{B2}, die den gemeinsamen Verbindungspunkt M an Masse gelegt bekommen, so daß in unserer Rechnung eine Batteriespannung auf M bezogen negativ wird.

1.4 Die Grundschaltung als Verstärker

Zum Verständnis dienen die *Abb. 1.4-1a* und *b*. Dort benutzen wir den universellen IS-Typ 741. Der kann je nach Hersteller auch unter den Bezeichnungen MC 1741, TBA 221, µA 741 und TL 1741 angeboten werden. Nun zu den Schaltungen a und b der Abb. 1.4-1. Das sind die beiden Standardschaltungen der OP-AMP-Verstärkertechnik. Hier erkennen wir auch die anfangs erwähnten beiden Widerstände R_1 und R_2, welche die hohe Verstärkung „bändigen" sollen. Sonst ist nichts weiter erforderlich als die beiden Batterien U_{B1} und U_{B2}. Bitte, auf richtige Polung zum gemeinsamen Massebezugspunkt achten. Wer Angst hat vor zu hohem Stromverbrauch – bei so hoher Verstärkung – der sei beruhigt. Der Ruhestrom so eines Operationsverstärkers liegt meist zwischen 2...6 mA, das merken also die Batterien kaum. Beide Schaltungen haben eine Spannungsverstärkung, die bei 100 liegt. Um diese dem jeweiligen Anwendungsfall individuell anpassen zu können, werden die Größen von R_1 und R_2 geändert. Aus der Praxis heraus empfehle ich, R_2 nicht kleiner als

z. B. 220 Ω und nicht größer als z. B. 22 kΩ zu machen. Die Verstärkung läßt sich einfach errechnen. Nach Abb. 1.4-1a ist

$$V_u = \frac{R_1}{R_2}$$

Jetzt wird manch ein Profi die Nase rümpfen und sagen: Wie wär's denn nach a mit

$$V_u = \frac{R_1 + R_2}{R_2} \text{ und nach b mit } V_u = \frac{R_1}{R_2 + R_i}$$

Mit R_i ist hier der Innenwiderstand des steuernden Generators (z. B. Mikrofon) gemeint.

Rechnen wir doch mal das Beispiel nach den beiden Formelangeboten durch. R_1 ist 1 MΩ und R_2 ist 10 kΩ. Also erstens:

$$V_u = \frac{R_1}{R_2} = \frac{1 \cdot 10^6 \ \Omega}{1 \cdot 10^4 \ \Omega} = 100\text{fach};$$

und zweitens:

$$V_u = \frac{R_1 + R_2}{R_2} = \frac{1 \cdot 10^6 \ \Omega + 1 \cdot 10^4 \ \Omega}{1 \cdot 10^4 \ \Omega} =$$

$$\frac{1,01 \cdot 10^6 \ \Omega}{1 \cdot 10^4 \ \Omega} = 101\text{fach}.$$

Da hier kein großer Unterschied festzustellen ist, nehmen wir lieber die erste Gleichung und benutzen die zweite Möglichkeit nur dann, wenn R_1 in die Größenordnung von R_2 kommt. Übrigens läßt sich für Bild 1.4-1a die Verstärkung auch so darstellen:

$$V_u = \frac{R_1}{R_2} + 1.$$

So, und nun zurück zu unserer Schaltung. Diese verstärkt (Abb. 1.4-1a) also 100fach. Außerdem hat sie einen hochohmigen Eingang und kann vorzüglich direkt an ein Mikrofon oder einen Plattenspieler angeschlossen werden. An den Ausgang schließen wir einen hochohmigen Kopfhörer, z. B. 200...2000 Ω. Das

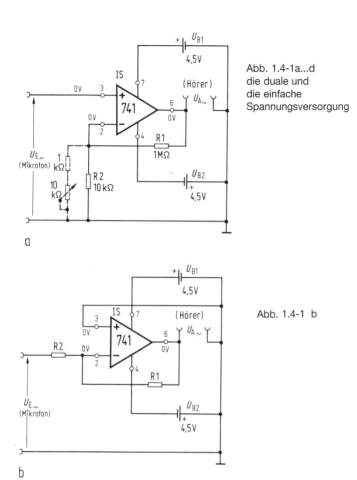

Abb. 1.4-1a...d
die duale und
die einfache
Spannungsversorgung

a

Abb. 1.4-1 b

b

Ergebnis ist dann eine einfache Kontrollhörerschaltung. Ist nun die Lautstärke zu groß, dann wird R_2 oder (und) R_1 geändert. Z. B. $R_2 = 20\ \text{k}\Omega$, das ergibt $V_u = 50$fach. Auch kann man z. B. R_2 aufteilen in einen Festwiderstand von 1 kΩ und einen Einstellwiderstand von 10 kΩ – das ergibt einen Lautstärkeeinsteller

18

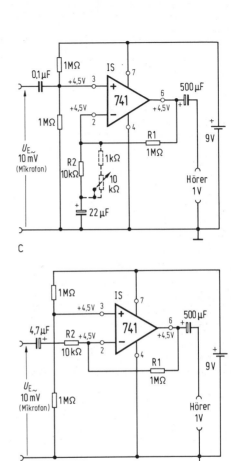

Abb. 1.4-1 c

Abb. 1.4-1 d

(gestrichelt gezeichnet in Bild 1.4-1c). Außerdem nicht vergessen: die NF-Leitungen bitte abschirmen, sonst brummt's!

Nun haben wir uns immer nur mit Bild a beschäftigt. Warum? Weil es einfacher ist und auch in der Praxis häufiger benutzt wird. Die Abb. 1.4-1b hat nämlich gegenüber Abb. a einen niederohmigen Eingang, und den haben nur wenige Generatoren gern.

19

Würden wir in Abb. b einen Kristallplattenspieler – so mit $R_i \approx 50$ kΩ – anschließen, dann würden bald 80 % der Spannung im Tonabnehmersystem bleiben, vornehm ausgedrückt: am Innenwiderstand abfallen, und nur 20 % der Spannung zur Ansteuerung zur Verfügung stehen. Der Eingangswiderstand in der Schaltung nach Abb. b und d entspricht dem Wert von R_2, also in unserem Falle 10 kΩ. Abb. a weist einen Eingangswiderstand zwischen 500 kΩ...2 MΩ – je nach OP-AMP – auf. Woher kommt das nun, wieso ist das an diesen beiden Eingängen so unterschiedlich und weshalb steht an einem Eingang immer (+) und an dem anderen (−)? Viele Fragen – die Antworten kommen im Abschnitt 1.5. Doch vorerst noch einmal zu den praktischen Grundschaltungen der Abb. 1.4-1.

Haben wir zuerst die beiden Schaltungen in den Abb. 1.4-1a und 1b mit der dualen Spannungsversorgung – also mit zwei Batterien kennengelernt, so präsentieren sich die Schaltungen in den Abb. c und d mit einer einzigen Spannungsquelle. Zusätzlich sind dort allerdings zwei Koppelkondensatoren für den Eingang und Ausgang der Schaltung erforderlich. Während in den Abb. a und b die Potentiale am Eingang und Ausgang jeweils null Volt groß sind, ist dieses in den Abb. c und d nicht mehr der Fall. Dort entsprechen sie der halben Betriebsspannung, also dem Wert

$$\frac{9 \text{ V}}{2} = 4,5 \text{ V.}$$

In allen Fällen, also den Schaltungen a...d, ist die Verstärkung jedoch aus dem Verhältnis von R_1 zu R_2 zu errechnen. In unserem Fall ist sie also rund 100fach. Denken wir bitte nun daran, wenn wir die einfache Möglichkeit mit nur einer Spannungsquelle wählen, daß dann der (+)-Eingang des OP-AMP einen ohmschen Spannungsteiler benötigt, der aus zwei gleich großen Widerständen besteht. Diese sollten aus praktischen Erwägungen nicht größer als 1 MΩ gewählt werden, jedoch auch nicht kleiner als 100 kΩ. Damit sind in den Abb. 1.4-1c und d dann auch an den Punkten 3 sowie 2 und 6 des OP-AMP je 4,5 V zu messen.

Bei OP-AMPs mit FET-Eingang dürfen die Widerstände des Spannungsteilers weitaus größer sein. Das setzt jedoch einen sehr guten isolierten und abgeschirmten Aufbau voraus.

1.5 Die wichtigsten Eingangs- und Ausgangsgrößen des OP

Damit wären wir bereits mitten drin. Nämlich im Innern des OP-AMP. Dieses Kapitel muß uns nun die Aufklärungen über den Signalverlauf vom Eingang bis zum Ausgang geben. Haben wir das so richtig aufgenommen, dann spielen wir leicht mit dem OP-AMP – und nicht umgekehrt. Folgende wichtige Themen sind jetzt schön gemeinsam zwischen uns zu erarbeiten:

● Was ist eine symmetrische Eingangsstufe?
● Ein Signal wird invertiert.
● Ist die Endstufe im OP-AMP kurzschlußfest?
● Die maximal mögliche Ausgangsspannung eines OP-AMP.

1.5.1 Der invertierende und der nichtinvertierende Eingang

Was ist eine symmetrische Eingangsstufe?

Bislang hatten wir immer nur gesagt, der OP-AMP hat eine. Jetzt sehen wir sie uns in *Abb. 1.5.1-1* einmal an. So ein kleiner Rückblick auf das Innenleben der Abb. 1.3-2 schadet nicht. Nur sind es dort gegenüber Abb. 1.5.1-1 T 1 und T 4, und der Emitterwiderstand der Abb. 1.5-1 ist dort durch T 3 gebildet. Wie funktioniert das nun?

An sich recht einfach. Nehmen wir an, die beiden Transistoren T 1 und T 2 haben eine gleich große Verstärkung, so z. B. B = 250. Weiter soll R_C groß gegenüber R_E sein – somit ist R_E

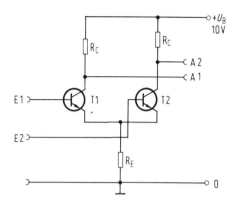

Abb. 1.5.1-1
Ein symmetrischer
Eingang

zu vernachlässigen. Dann also passiert doch folgendes bei einer Eingangssteuerspannung von – sagen wir mal – 2 mV$_{eff}$. Die Spannung am Eingang E 1 ist 2 mV. Die Verstärkung von T 1 = 250. Somit wird die Ausgangsspannung an A 1: U_{A1} = $U_{E1} \cdot 250$ = 2 mV $\cdot$ 250 = 500 mV.

Ja, und das ist nun mit E 2, T 2 und A 2 genauso. Auch am Ausgang A 2 würde eine Ausgangsspannung von 500 mV entstehen, wenn E 2 angesteuert wird. Ferner haben wir bei diesen Betrachtungen die Eingangsspannung U_{E1} und U_{E2} auf Masse bezogen. Somit präsentiert sich uns die Phasenlage der Eingangsspannungen, auf Masse bezogen, auch zum Ausgang um 180° gedreht. Das ist nichts besonderes, denn ein Transistor in Emitterbasisschaltung dreht nun mal die Phase um 180°.

Anders wird es nun mit der Betrachtung, wenn die Generatorspannung, z. B. eines Mikrofons, unter Umgehung des Masseanschlusses direkt an die beiden Eingangsspannungsbuchsen E 1 und E 2 angeschlossen wird. Dann ist die verstärkte Spannung auch an den symmetrischen Ausgängen A 1 und A 2 abzunehmen. In der Technik der OP-AMPs kommt bei Ansteuerungen nun häufig eine andere Möglichkeit vor, die so aussieht, daß gleichzeitig beide Spannungen U_{E1} und U_{E2} gegen Masse bezogen den Eingang symmetrisch ansteuern. Dann passiert folgendes nach Bild 1.5.1-1:

Fall 1

Beide Spannungen, U_{E1} und U_{E2}, haben gleiche Phasenlage und gleiche Spannungsamplitude. Es ändert sich nur das gemeinsame Basis- und Kollektorpotential. Die Spannung zwischen A 1 und A 2 ist jedoch, wie zwischen E 1 und E 2 = Null – also keine Verstärkung – ... es sei denn – ja, und dieser Fall ist wichtig:

Fall 2

Also, es sei denn – die Verstärkung von T 1 und T 2 ist nicht gleich groß. Das ist häufig genug der Fall. Dann bildet sich nach Fall 1 doch eine kleine Differenzspannung zwischen A 1 und A 2. Der Profi hat das nicht sehr gern, rechnet aber in der Praxis damit. Diese so entstandene Spannungsverstärkung nennt er dann Gleichtakt-Spannungsverstärkung (common mode voltage gain). Messen können wir sie, wenn wir E 1 und E 2 kurzschließen und dann gegen Masse eine Steuerspannung anschließen. In der Praxis sind die Werte jedoch so klein, daß sie uns in der Hobby-Technik meist nicht stören. – Doch nun weiter zu

Fall 3

und das ist der eigentliche Fall der Ansteuerung in der Praxis, er bildet sich dann, wenn die Spannung zwischen E 1 und E 2 (nach Masse bezogen, z. B. bei Ansteuerung durch zwei Generatoren) eine Spannungsdifferenz bilden. Nun, das ist sofort der Fall, wenn

a) die Spannungen an E 1 und E 2 gegenphasig sind oder
b) die Spannungen an E 1 und E 2 zwar gleichphasig sind, aber eine unterschiedliche Amplitude haben.

Merken wir uns: Aus all dem, was wir einem OP-AMP zur Ansteuerung anbieten, sammelt und sortiert er sich grundsätzlich nur die Spannungsdifferenz zwischen E 1 und E 2 heraus. Nehmen wir uns doch noch einmal ein Beispiel: Die Spannung zwischen Masse und E 1 ist +10 mV und die Spannung zwischen Masse und E 2 sei +7,5 mV. Dann wird der OP-AMP mit der Differenz, nämlich 10 mV − 7,5 mV = 2,5 mV angesteuert. Noch ein Beispiel: An E 1 liegen −2 mV an und an E 2 +3,5 mV. Dann ist die steuernde Spannung 5,5 mV groß. Nun zum nächsten Thema.

Ein Signal wird invertiert

Dazu ziehen wir uns die *Abb. 1.5.1-2* heran. Dort sind gleich praktische Spannungswerte angegeben. Gegenüber Abb. 1.5.1-1 hat sich nur der Ausgang – es ist hier nur noch einer – geändert. Es liegt also ein symmetrischer Eingang mit einem unsymmetrischen Ausgang vor. Hinsichtlich der steuernden Eingangsspannung gilt auch hier vorerst genau dasselbe, wie es weiter oben erklärt wurde. Nur eines ist anders, und zwar die Phasenlage der Eingangsspannung zur Ausgangsspannung. Das zunächst grundlegend, die genaue Erklärung folgt jetzt.

Wir betrachten als Fall 1 eine Eingangsspannung zwischen Masse und E 2 mit der Spannungsverstärkung V_u von T 2 = 4. Daß V_u hier nur 4 ist und nicht, wie vorher angenommen 250, spielt für die Erklärung keine Rolle. Im Ruhezustand liegen an der Basis von T 2 +2,6 V sowie am Kollektor +6 V. Wird jetzt von außen an E 2 eine Gleichspannung von +3 V angelegt, dann erhöht sich E 2 um die Differenz von 3 V − 2,6 V = 0,4 V. Diese 0,4 V werden in T 2 um den Faktor 4 verstärkt und bilden am Kollektor eine Potentialverschiebung von eben 0,4 V · 4 = 1,6 V. So, und wie ist es nun mit der Polarität dieser Spannungsänderung? Recht einfach. Da T 2 als Emitterbasisstufe das Steuersignal an der Basis um 180° dreht, ist die Spannung am Kollektor jetzt eben +6 V −1,6 V = 4,4 V groß. Und hier liegt nun bereits die Erklärung für „was ist ein invertierender Eingang?". Nichts anderes als eine Stufe, die das Eingangssignal um 180° dreht – dabei muß nicht einmal eine Verstärkung vorliegen. Übrigens,

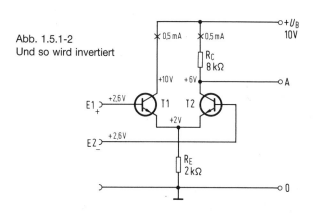

Abb. 1.5.1-2
Und so wird invertiert

das vornehme „Invertieren" haben die alten Römer erfunden als invertere = umkehren. Nun zur Stufe T 1. Das soll der Fall 2 sein. Wir lassen E 2 wie es ist, +2,6 V groß und erhöhen E 1 um 0,4 V auf +3 V. T 1 ist als Emitterfolger geschaltet und steuert über seinen eigenen Emitter den Emitter von T 2 an. Für diesen Fall – Ansteuerung von T 1 – ist T 2 als Basis-Basisstufe geschaltet. Eine derartige Stufe hat keine Phasendrehung. Hier die Erklärung: Ist E 1 um 0,4 V auf +3 V erhöht, so wird auch die Emitterspannung von T 1 von +2 V auf +2,4 V erhöht. Dadurch wird die Spannung zwischen Basis und Emitter von T 2 jedoch um ebenfalls 0,4 V geringer, das bedeutet: kleinerer Kollektorstrom und somit Erhöhung der Kollektorspannung um den Wert der Spannungsverstärkung von T 2 also auf 6 V + 1,6 V = 7,6 V.

Ergebnis: Die Eingangsspannung an E 1 dreht die Phasenlage zum Ausgang A nicht um. Der Profi kennzeichnet (Abb. 1.5.1-2) diesen Eingang mit Plus. Die Eingangsspannung an E 2 dreht die Phasenlage zum Ausgang A um 180°. Der Profi kennzeichnet diesen Eingang mit Minus.

1.5.2 Der Ausgang des OP-AMP

Ist die Endstufe eines OP-AMP kurzschlußfest?

Diese Frage beantwortet uns der Hersteller des OP-AMP durch seine diesbezüglichen Datenangaben. Und da gibt es dann folgende Möglichkeiten:

Fall 1

Der OP-AMP ist kurzschlußfest (die einfachste Aussage).

Fall 2

Der OP-AMP ist kurzschlußfest für eine begrenzte Zeit – meist bis zu fünf Sekunden.

Fall 3

Der maximale Ausgangsstrom darf z. B. 65 mA nicht überschreiten.

Was ist nun überhaupt dieses „kurzschlußfest"? Klären wir das doch einmal nach den *Abb. 1.5.2-1a...c*. Da sind die Fälle 1...3, die wir eben gelesen haben, in der Praxis gezeigt. Zunächst *Abb. 1.5.2-1a*. Das ist die Innenschaltung des OP-AMP 741, eines universellen Typs mit Sockel und Schaltsymbol. Punkt 6 ist der Ausgang. Die Ausgangsspannung kann – das merken wir uns einmal – bei einem OP-AMP fast die Werte der positiven oder negativen Betriebsspannung erreichen. Für die Praxis setzen wir dieses „fast" einmal hinreichend genau mit 10 % an. Ist also $+U_P$ oder $-U_N$ je 10 V groß, so können die beiden möglichen Ausgangsspannungen $+9$ V oder -9 V (18 V Spannungshub) betragen. Nun kommt der Kurzschluß. Wird z. B. bei $+9$ V der Punkt 6 mit Masse verbunden, dann stellt sich ein Kurzschlußstrom ein, der von der Größe des Innenwiderstandes des Ausgangsverstärkers abhängt. Laut Datenblatt ist dieser beim Typ 741 $= 75 \ \Omega$ „klein". Der Kurzschlußstrom ist somit

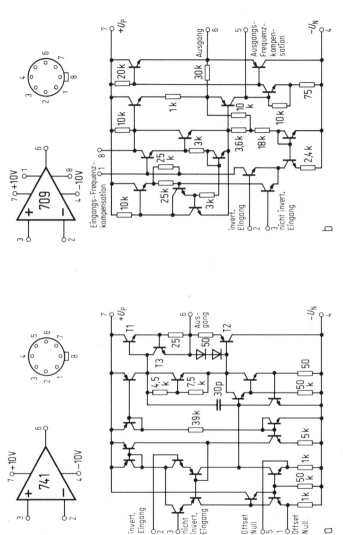

Abb. 1.5.2-1a...c Die Hilfsanschlüsse beim Operationsverstärker

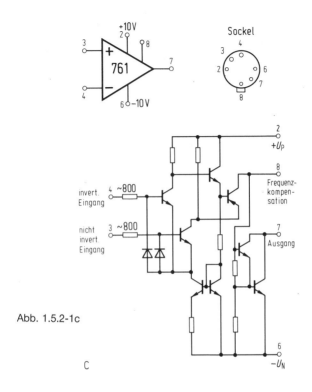

Abb. 1.5.2-1c

$$I_K = \frac{9 \text{ V}}{75 \text{ }\Omega} = 120 \text{ mA}$$

groß (theoretisch!). Denn praktisch setzt über den Transistor T_B (Abb. 1.5.1-1a) eine Strombegrenzung ein, und zwar bereits dann, wenn der Spannungsabfall an dem 25-Ω-Widerstand den Wert von 0,6 V erreicht und somit der Transistor T_B die Endstufen-Transistoren T 1 und T 2 durch Basisüberbrückung ausschaltet. Dieser Vorgang setzt bei einem Laststrom von

$$I_K = \frac{0,6 \text{ V}}{25 \text{ }\Omega} = 26 \text{ mA ein.}$$

Nun zu Fall 2, dem Universaltyp 709 nach *Abb. 1.5.2-1b*. Dort ist der Ausgang nicht durch einen Transistor geschützt. Der Hersteller gibt die Ausgangsimpedanz mit $Z_O = 150\ \Omega$ an und sagt dem Anwender: Mache ruhig einen Kurzschluß, aber sorge dafür, daß dieser nicht länger als 5 Sekunden dauert. Ein längerer Kurzschluß führt zu einer zu hohen Kristalltemperatur und somit zur Zerstörung der Transistoren des Endverstärkers.

Fall 3 wäre der OP-AMP vom Typ 761 oder 861 (gemäß *Abb. 1.5.2-1c*). Das ist ein Verstärker ohne Gegentaktendstufe mit offenem Kollektorausgang. Hier sagt der Hersteller: Mache mit dem Ausgang, was du willst, überschreite jedoch nicht den maximalen Ausgangsstrom von 70 mA. Wollen wir als Anwender da einmal an die Grenzen der Leistungsfähigkeit gehen, dann rechnet es sich folgendermaßen: Mit einer angenommenen Spannung U_P und U_N von jeweils 10 V und dem Wissen der anfangs erwähnten 10 % ist die maximale mögliche Ausgangsspannung 18 V groß. Die Summe des von Punkt 7 nach 2 zu schaltenden Ausgangswiderstandes als Parallelschaltung eines ohmschen Lastwiderstandes und dem Eingangswiderstand der nächstfolgenden Stufe darf den Wert von

$$R_{max} = \frac{18\ V}{70\ mA} = 260\ \Omega$$

nicht unterschreiten! Bei diesem „Grenzlastbetrieb" ist bereits für ausreichende Kühlung zu sorgen.

Das sollten wir bei der Beschaltung des Ausgangs eines OP-AMP wissen. Ich möchte dazu noch ein Wort aus der Praxis sagen. Sorgen wir dafür, daß der maximale Ausgangsstrom den Wert von 10 mA nicht überschreitet. Brauchen wir einmal mehr, dann schalten wir an den Ausgang einen Emitterfolger oder einen Darlington als Emitterfolger. Das erspart Ärger und Verdruß.

Eine praktische Schaltung dafür zeigt *Abb. 1.5.2-2*. Dabei ist folgendes zu bedenken. Zunächst wird die ehemalige Gegenkopplung zwischen Punkt 6 und 2 jetzt zwischen die Punkte G und

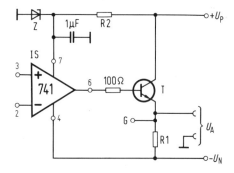

Abb. 1.5.2-2
Der OP-AMP erhält
einen Leistungs-
ausgang

2 gelegt. Weiter wird R 1 so niederohmig gemacht, daß der gewünschte mittlere Ruhestrom für den Ausgangsleistungsbedarf fließen kann. Bedenken Sie dabei, daß die IS keinen höheren Basisstrom als 10 mA aufbringen soll, evtl. also einen Darlington benutzen. Sinnvoll ist es auch, die positive Spannungsversorgung über eine Z-Diode zu stabilisieren, wenn nur mit einer Betriebsspannung von $+U_P$ gearbeitet wird, also U_N an Masse liegt. Das ist deshalb erforderlich, weil von $+U_P$ der Spannungsteiler für den nicht invertierenden Eingang 3 abgenommen wird. Schwankt dort die Spannung bei zu hoher Laständerung des Ausgangstransistors, so gibt es unangenehme Mitkopplungen.

Die maximal mögliche Ausgangsspannung eines OP-AMP

Sehen wir uns dazu noch einmal die Abb. 1.5.2-1a...c an. Dann ist es sicher verständlich, daß die Ausgangsspannung keine größeren Werte als $+U_P$ oder $-U_N$ annehmen kann. Wir haben uns sogar bereits über eine Einschränkung unterhalten, die da hieß, daß die maximal mögliche Ausgangsspannung um ca. 10 % kleiner als die zur Verfügung stehende Betriebsspannung angenommen werden muß. Dafür gleich ein Beispiel: Benutzen wir für $+U_P$ und $-U_N$ jeweils 10 V, so beträgt die Betriebsspannung demnach 20 V, die maximale Ausgangsspannung liegt dann bei 20 V $-$ 0,1 · 20 V

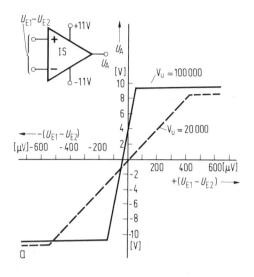

Abb. 1.5.2-3 a, b Die Aussteuerkennlinie des OP-AMP

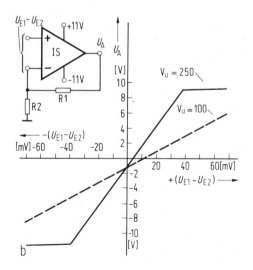

= 18 V Spannungshub, also $\Delta U_A = \pm 9$ V von der Nullage (Ruheausgangsspannung) aus gesehen.

So, und das zeigen uns nun die Aussteuerdiagramme, *Abb. 1.5.2-3a* und *b*. Zunächst zu Abb. 1.5.2-3a. Dort sind zwei Aussteuerkennlinien für OP-AMPs von $V_u = 100\,000$fach und $V_u = 20\,000$fach gezeigt. Die durchschnittlichen Verstärkungswerte eines OP-AMP – ohne Gegenkopplung – liegen bei $100\,000$fach. Beträgt die Betriebsspannung ± 11 V = 22 V bei dualer Spannungsversorgung, dann läßt sich der OP-AMP nach dem oben Gesagten bis $\pm 10 = 20$ V Spannungshub aussteuern. Aufgrund der hohen Verstärkung ist das dann aber bereits bei einer extrem kleinen Eingangsspannung von 100 µV geschehen.

Und das ist nun das Problem des Profis; denn Driftspannungen, Thermospannungen und weitere Unstabilitäten, z. B. bei hochohmigen Eingängen die der mangelhaften Isolierung, erzeugen leicht Spannungsidfferenzen in dieser Größe. Damit ergibt sich ein starkes unstabiles Arbeitsverhalten. Der Arbeitsruhepunkt läßt sich nicht „festhalten".

Das wird nach *Abb. 1.5.2-3b* anders, denn hier wird der OP-AMP mit Gegenkopplung betrieben, also seine Verstärkung gedrosselt. Für zwei in der Praxis vorkommende Werte von $V_u = 250$ und $V_u = 100$ sind die Ausgangskennlinien gekennzeichnet. Dabei ist zu erkennen, daß wir uns jetzt im vernünftigen mV-Bereich der Eingangsspannung bewegen. Bei einer eingestellten Verstärkung von $V_u = 100$ wird z. B. eine Mikrofonspannung von 20 mV_{ss} eine Ausgangsspannungsänderung von 2 V_{ss} hervorrufen.

Erfahren haben wir weiter schon, daß die Größe der Spannungsverstärkung durch die Gegenkopplung eingestellt wird ... das sind in Abb. 1.5.2-3b die beiden Widerstände R_1 und R_2 ...

Sehen wir uns jetzt einmal an, wie so die Grenzen des OP-AMP in der rauhen Wirklichkeit aussehen. Das zeigen uns die Oszillogramme, *Abb. 1.5.2-4a...d.* Zunächst die Abb. 1.5.2-4a. Hier ergibt sich bei einer Gesamtbetriebsspannung von 9 V des OP-AMP, z. B. nach Abb. 1.4-1, eine unverzerrte Aussteuerung am

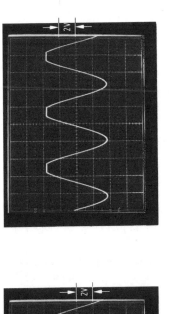

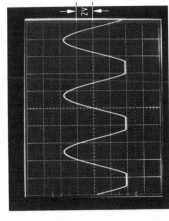

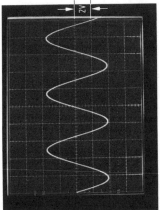

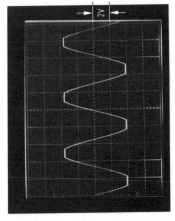

Abb. 1.5.2-4 a...d Und das vermeiden wir: die Übersteuerung und den falschen Arbeitspunkt

Ausgang von 7,6 V$_{ss}$ bei 2 V/$_{Teil}$ Rastermaß. Oberhalb der hier möglichen Grenze von 7,6 V$_{ss}$ ergeben sich symmetrische Verzerrungen nach *Abb. 1.5.2-4b,* es werden die positiven und negativen Spannungsspitzen gleichmäßig begrenzt. Das setzt einen richtig gewählten Arbeitspunkt der Ausgangsspannung voraus, der im Ruhezustand genau

$$\frac{U_B}{2} = 4{,}5 \text{ V}$$

beträgt. Ist das dann nicht der Fall, ändert sich das gleich in *Abb. 1.5.2-4c,* denn dort ist – was der Profi nicht macht, wir also auch nicht – der Arbeitspunkt falsch gewählt. Hier werden einseitig die positiven Spitzen begrenzt.

Nach Abb. 1.4-1a und b würde es bedeuten, daß $U_{B1} > U_{B2}$ ist, also die Ruhe-Spannung an Punkt 6 nicht mehr 0 V, sondern z. B. +2 V groß ist. Nach Abb. 1.4-1c und d ist die Erklärung durch einen unsymmetrischen Spannungsteiler zu finden, hier beträgt die Spannung an Punkt 3 und damit an Punkt 6 nicht mehr +4,5 V, also

$$\frac{U_B}{2}, \text{ sondern z. B. 5 V.}$$

Schließlich zeigt das Oszillogramm in *Abb. 1.5.2-4d* den Fall, daß die unteren Spannungsspitzen begrenzt werden, was sich gemäß den obigen Erklärungen durch einen Arbeitspunkt einstellt, dessen Wert zu sehr von

$$\frac{U_B}{2} \text{ ins Negative „gerutscht" ist.}$$

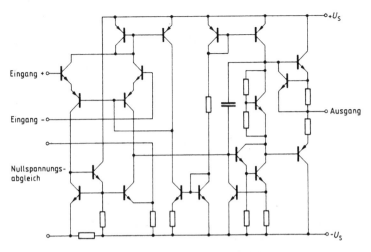

Abb. 1.5.3-1 OP 741 und seine Schaltung

1.5.3 Aus der Praxis gesehen –
die Eingangs- und Ausgangsdaten

Die prinzipielle Schaltung des Eingangsverstärkers

In der *Abb. 1.5.3-1* ist das Schaltbild des OP 741 und in der *Abb. 1.5.3-2* das Schaltbild des mit I-FET-Eingang versehenen OP LF 355 zu sehen. Bei beiden handelt es sich um universelle OPs, die als Basis für die weiteren Betrachtungen dienen.

Schaltungen des Einganges

Die Gleichspannungspotentiale an den beiden Eingängen

Der OP weist, wie schon erwähnt, zwei Eingänge auf, die getrennt oder gemeinsam den OP steuern können. Der mit „+" versehene Eingang ist der nichtinvertierende und der mit „–" bezeichnete Eingang der invertierende Eingang. Der Begriff „invertierend" bezieht sich auf die Phasenlage der Eingangsspan-

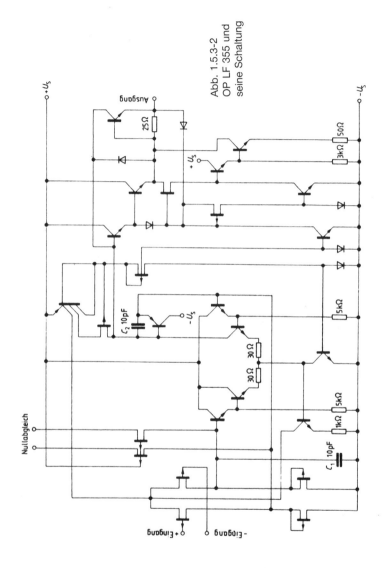

Abb. 1.5.3-2
OP LF 355 und
seine Schaltung

36

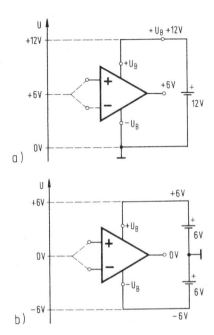

Abb. 1.5.3-3a
OP mit einer
Betriebsspannung

Abb. 1.5.3-3b
OP mit zwei
Betriebsspannungen –
duale Spannungs-
versorgung

nung zur Ausgangsspannung. Der invertierende Eingang ruft eine Phasendrehung von 180° hervor. Der nichtinvertierende Eingang verändert die Phasenlage bei Gleichspannungsbetrachtungen nicht. Beide Eingänge erhalten gleiche Gleichspannungspotentiale, deren Wert in der Praxis mit $U_{B/2}$ gewählt wird. Das ist in der *Abb. 1.5.3-3a* und *b* gezeigt. In der Abb. a wird mit einer Betriebsspannung U_B = 12 V gearbeitet. Beide Eingänge – invertierend und nichtinvertierend – werden auf ein +6-V-Potential bezogen. Auch der Ausgang liegt dann auf +6 V. In der Praxis wird die Spannung +6 V über einen Spannungsteiler bezogen, auf dessen +6-V-Potential die hochohmigen Eingänge über getrennte Widerstände angeschlossen werden. In der Abb. b wird von der häufig anzutreffenden „2 Betriebsspannungsversorgungen" – duale Versorgung – Gebrauch gemacht. Hierbei entsteht ein Massepunkt von 0 Volt zwischen beiden in Reihe geschalteten Spannungsquellen. Damit wird der Eingang des OP auf diesen Massepunkt bezogen. Im Vergleich der Abb. a zur Abb. b ist zu erkennen, daß sich in beiden Fällen die gleichen Betriebsbedingungen für den OP ergeben.

Transistoren als Spannungsbegrenzung

In der *Abb. 1.5.3-4a, b* und *c* ist ein Transistor als Diode geschaltet. In der Abb. a ist die Diodencharakteristik mit $U_D \approx 0,5...0,6$ V

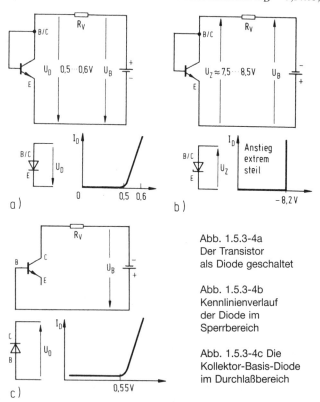

a)

b)

Abb. 1.5.3-4a
Der Transistor
als Diode geschaltet

Abb. 1.5.3-4b
Kennlinienverlauf
der Diode im
Sperrbereich

Abb. 1.5.3-4c Die
Kollektor-Basis-Diode
im Durchlaßbereich

c)

38

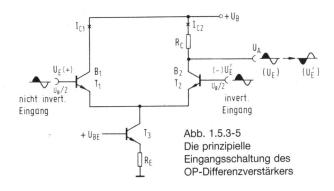

Abb. 1.5.3-5
Die prinzipielle
Eingangsschaltung des
OP-Differenzverstärkers

zu erkennen. In der Abb. b ist das Batteriepotential umgepolt. Die Transistor-Basis-Emitterdiode sperrt. Bei höherer Spannung erfolgt ein extrem steiler Zenereffekt. Die resultierende Zenerspannung liegt je nach Transistortyp zwischen 7,5 V...8,5 V. Der Zenereffekt erfolgt mit der invers betriebenen Basis-Emitterstrecke. Derartige Transistorkonfigurationen finden sich in OP-Schaltungen als Spannungsstabilisatoren oft wieder. Beispielsweise wird die Spannung U_{BE} in *Abb. 1.5.3-5* auf diese Weise erzeugt. Weiter werden diese Schaltungen als Schutzmaßnahmen für Schaltungen benötigt.

In der Abb. 1.5.3-4c wird die Basis-Kollektordiode in Durchlaßrichtung betrieben. Wird eine Schutzschaltung mit dieser Schaltungstechnik aufgebaut, so ergeben sich bei einem benutzten Kleinsignaltransistor mit dieser Schaltung extrem kleine Sperrströme. Diese liegen im Bereich von einigen 10^{-12} Ampere.

Der bipolare Eingang

In der Abb. 1.5.3-5 ist das Prinzip des Differenzverstärkers eines OPs zu sehen. Der als Emitterfolger geschaltete Transistor T 1 steuert den Emitter des Transistors T 2 an. Bei der Ansteuerung eines Transistors an seinen Emitter folgt keine Phasendrehung, so daß die Spannung U_E (+) am Ausgang die nicht phasengedrehte

39

Spannung U_A hervorruft. Anders der Eingang U_E' (−); hier erfolgt eine Phasendrehung der Ausgangsspannung U_A durch die Eingangsspannung U_E'. Der Emitterarbeitswiderstand wird aus der hochohmigen Konstantstromquelle des Transistors T 3 gebildet. Hier werden Werte von mehreren 100 kΩ erreicht.

Eine genauere Berechnung der Größe des Eingangswiderstandes erfolgt noch. Dieser kann an dieser Stelle zunächst als $R_{E1} = R_{E2}$ mit der Stromverstärkung $B_1 = B_2$ sowie $I_{C1} = I_{C2}$ angenommen werden. Dabei ist

$$R_{E1} = R_{E2} \approx 2 \cdot B \cdot r_e \text{ mit } r_e = \frac{25}{I_C} \text{ (mA; } \Omega).$$

Beispiel:
Nach Abb. 1.5.3-5 ist $I_{C1} = I_{C2} = 75$ μA sowie $B_1 = B_2 = 350$. Dann ist der elektronische Widerstand r_e der Basisemitterdiode

$$r_e = \frac{25}{0{,}075} = 333 \ \Omega.$$

Damit wird $R_{E1} = R_{E2} = 330 \ \Omega \cdot 300 = 100$ kΩ.

Der Darlington-Eingang

Die *Abb. 1.5.3-6* zeigt den Darlingtoneingang. Es wird noch darüber zu lesen sein, daß in vielen Fällen der OP-Anwendung

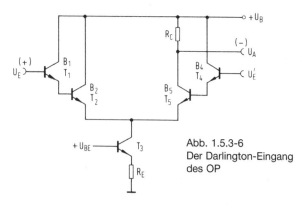

Abb. 1.5.3-6
Der Darlington-Eingang
des OP

hochohmige Eingänge erforderlich sind. Während der OP nach Abb. 1.5.3-5 Eingangswerte von einigen 100 kΩ erreicht, erzielt ein Darlingtoneingang nach Abb. 1.5.3-6 Werte von einigen MOhm. Die Transistoren T 1 und T 2 sowie T 4 und T 5 sind jeweils als Darlington geschaltet. Der hier wirksame Eingangswiderstand ist um den Stromverstärkungsfaktor des Transistors T 1 oder T 4 höher als der errechnete Wert von 100 kΩ der Abb. 1.5.3-5. Wird B_1 und B_2 in der Abb. 1.5.3-6 mit B = 150 angenommen, so würde gemäß der Rechnung in Abschnitt 1.5.3 der Eingangswiderstand hier folgende Größe erreichen:

$$R_{E1} \approx R_{ET2} \cdot B_1 = 100 \text{ k}\Omega \cdot 150 = 15 \text{ M}\Omega.$$

Der FET-Eingang

Es werden heute OPs mit I-FETs und MOS-FETs angeboten. Die Prinzipschaltung ist der *Abb. 1.5.3-7* zu entnehmen. Während bei einem bipolaren Eingang die Eingangsströme Werte von 150 nA (10^{-9}) Ampere erreichen, weisen I-FETs Eingangsströme bis 200 pA (10^{-12}) Ampere auf. Um diese drei Zehnerpotenzen höher ist in etwa auch der Eingangswiderstand von I-FETs, so daß hier Werte ab 1000 MΩ möglich sind.

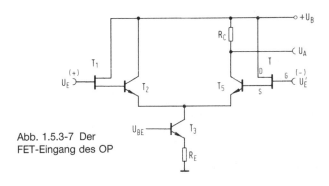

Abb. 1.5.3-7 Der FET-Eingang des OP

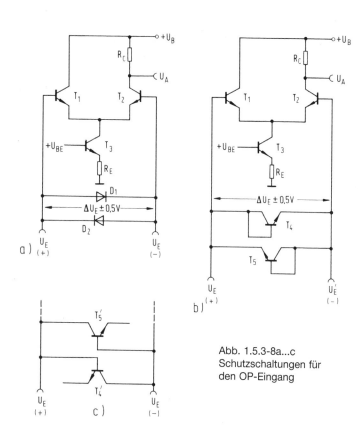

Abb. 1.5.3-8a...c
Schutzschaltungen für
den OP-Eingang

Der Eingangsschutz

Die Eingänge eines FETs können bei Überspannungen zerstört werden. In den Grenzdatenangaben der Hersteller wird darauf Bezug genommen. Für den OP-Typ 741 heißt es in den Grenzdaten:

$U_E = U_E' = \pm U_S$ für U_S von ± 4 V...± 15 V und

$U_E = U_E' = \pm 15$ V für $U_S \geqq 15$ Volt.

Unter $\pm$ U$_S$ ist hier die duale Spannungsversorgung zu verstehen nach Abb. 1.5.3-3. Weiter ist die Differenzeingangsspannung U$_E$ $\pm$ U$_E'$ mit 30 V festgelegt.

Bei den *Abb. 1.5.3-8a* und *b* ist zunächst in der Abb. a eine Begrenzung der Differenzeingangsspannung auf $\leqq$0,5 V mit den antiparallel geschalteten Dioden D 1 und D 2 vorgenommen worden. Die Abb. b zeigt dasselbe Prinzip, jedoch mit den als Dioden geschalteten Transistoren T 4 und T 5. Die letzte Möglichkeit bietet oftmals kleinere Sperrströme im Bereich bis ca. 400 mV. Extrem kleine Sperrströme werden nach Abb. 1.5.3-8c erreicht, wenn die Basis-Kollektorstrecke nach Abb. 1.5.3-4c benutzt wird. Die Sperrströme liegen hier bei einigen 100 Pico Ampere, wenn entsprechende Kleinsignaltransistoren benutzt werden. Die Schaltung ist als Auszug in der Abb. 1.5.3-8c zu sehen.

In der *Abb. 1.5.3-9* ist die nach außen wirkende Innenschaltung des bipolaren Einganges eines Differenzverstärkers gezeigt. Die beiden in Reihe geschalteten Basis-Emitterdioden – siehe Abb. 1.5.3-5 – wirken wie zwei in Serie geschaltete Zenerdioden, wenn die Differenzspannung zwischen den Eingängen U$_E$ und U$_E'$ Werte von mehr als ca. 8 V erreicht. Die Basis-Kollektorstrecke ist empfindlich gegen Stromüberlastungen, so daß als wirksamer Schutz nur solche Schutzschaltung nach Abb. 1.5.3-8 in Frage

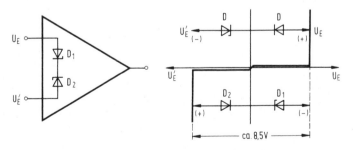

Abb. 1.5.3-9 Begrenzung durch einen bipolaren Differenzeingang

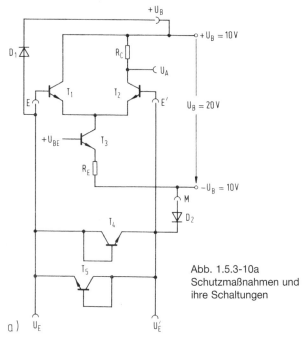

Abb. 1.5.3-10a
Schutzmaßnahmen und
ihre Schaltungen

a)

kommt. Wird z. B. das Eingangssignal dem U_E-Eingang zugeführt und der U_E'-Eingang als Gegenkopplungszweig benutzt, so kann nach *Abb. 1.5.3-11* eine Begrenzung der Spannung am nichtinvertierenden Eingang von $\pm 8{,}6$ V erreicht werden. Dazu werden zwei feste Potentiale mit den Zenerdioden Z1 und Z2 aufgebaut, von denen aus die als Dioden geschalteten Transistoren D 1 und D 2 oberhalb von ca. $+8{,}6$ V sowie unterhalb von ca. $-8{,}6$ V eine Strombegrenzung über den Widerstand R herbeiführen. Es sind hier nach Abb. 1.5.3-4c jeweils 0,6-V-Diodenspannung zusätzlich zu berücksichtigen. Dieser Aufbau bildet einen Tiefpaß mit R und C_S. Der Kondensator C_S ist hier die besonders durch den Aufbau der Elemente D 1 und D 2 entstandene Kapazität. Mit dem Kondensator C_S' kann eine Kompensation C_S

44

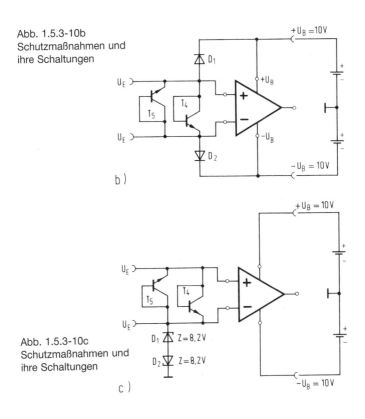

Abb. 1.5.3-10b
Schutzmaßnahmen und
ihre Schaltungen

b)

Abb. 1.5.3-10c
Schutzmaßnahmen und
ihre Schaltungen

c)

herbeigeführt werden, was einer späteren Erläuterung vorbehalten bleibt.

Eine Schaltung für die Begrenzung des maximal zulässigen Potentials von U_E und U_E' ist in der *Abb. 1.5.3-10* zu sehen. Die Diode D 1 wird leitend, wenn die Spannung $U_E > +U_B$ wird. Entsprechend leitet die Diode D 2 bei Spannungen $U_E' > -U_B$. In beiden Fällen werden die Grenzwerte um 0,6 V resp. 1,2 V überschritten, was kurzzeitig in den meisten Fällen keine Schädigung des OP nach sich zieht. Die eben erwähnten 1,2 V treten auf, wenn der Stromfluß zusätzlich über die Transistoren T 4 oder

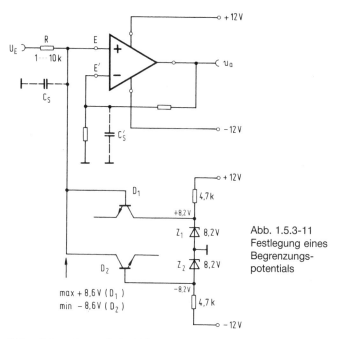

Abb. 1.5.3-11
Festlegung eines
Begrenzungs-
potentials

T 5 erfolgt, also z. B. bei $U_E = -11{,}2$ V ist T 5 und D 2 leitend. Damit ist am Eingang U_E die Spannung $-11{,}2$ V groß und entsprechend am Eingang U_E' dann 10,6 V.

In der Abb. 1.5.3-9b ist die gleiche Schutzmaßnahme als Peripherie zum OP geschaltet. Sollen die Grenzwerte keinesfalls überschritten werden, so können zwei Zenerdioden D 1 und D 2, wie in der Abb. 1.5.3-9c, eingeschaltet werden. Bei beiden Polaritäten an U_E' werden maximale Spannungen von $Z = 8{,}2$ V $+$ 0,6 V $= 8{,}8$ V erreicht, da jeweils eine Zenerdiode mit ihrer Zenerspannung wirkt und die zweite mit ihrer Durchlaßspannung (0,6 V). In der Abb. 9c wird somit für den Eingang U_E im ungünstigsten Fall eine Spannung $U_E = 8{,}8$ V $+$ 0,6 V $= 9{,}4$ V erreicht, da hier eine Diodenspannung von T 4 oder T 5 hinzugezogen werden muß.

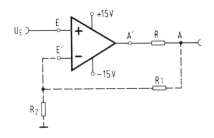

Abb. 1.5.3-12
Schaltung für eine
Ausgangsstrom-
begrenzung

Schaltungen des Ausgangs – Ausgangsstrombegrenzung

Der Ausgangsverstärker eines OP ist in den meisten Fällen als Komplementärausgang geschaltet. Einige Typen der 760er- und 860er-Serien werden mit offenem Kollektorausgang geliefert, so daß grundsätzlich ein Kollektorwiderstand R_L am Ausgang einzuschalten ist. Bemerkt werden soll noch, daß die maximal möglichen (erlaubten) Grenzströme im Ausgangsbereich nur 25 bis 70 mA betragen. Eine wirksame Ausgangsstrombegrenzung ist der *Abb. 1.5.3-12* zu entnehmen. Der Widerstand R wird so bemessen, daß ein vorgegebener Ausgangsstrom nicht überschritten wird. Mit einer geringfügigen Ungenauigkeit (Sättigungsspannung an R_i des OP) ist

$$R \approx \frac{U_B}{I_{Amax}}.$$

Ist z. B. $U_B = 15$ V und soll der Ausgangsstrom den Wert von 15 mA nicht überschreiten, so ist

$$R = \frac{15\ V}{15\ mA} = 1\ k\Omega$$

zu wählen. Zu beachten ist, daß das Gegenkoppelnetzwerk (R_1) nicht am Ausgang A des OP, sondern am neuen Ausgangspunkt A' angeschlossen wird. Die Wechselspannungscharakteristik des OP kann durch diesen Widerstand geändert werden.

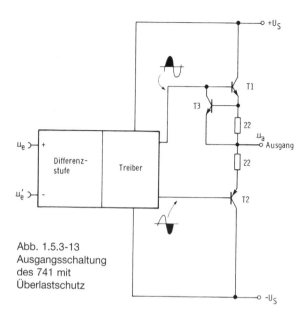

Abb. 1.5.3-13
Ausgangsschaltung
des 741 mit
Überlastschutz

Komplementärausgang

Ein Komplementärausgang erfüllt am einfachsten die Forderung
nach symmetrischer Ausgangsspannung für beide Aussteuerrich-
tungen. Eine derartige Schaltung ist in *Abb. 1.5.3-13* für den 741
gezeigt. Die Transistoren T 1 und T 2 bilden den Komplementärausgang. Der Transistor T 1 steuert in positiver und der Transistor T 2 in negativer Richtung das Ausgangssignal. Der Transistor
T 3 dient der Strombegrenzung. Bei positiver Aussteuerung wird
bei Strömen größer

$$I = \frac{550 \text{ mV}}{25 \ \Omega} = 22 \text{ mA}$$

der Transistor T 3 leitend und damit T 1 gesperrt über die nieder-
ohmige CE-Strecke des durchgeschalteten Transistors.

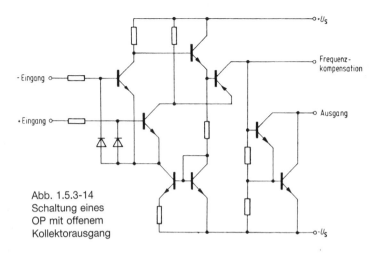

Abb. 1.5.3-14
Schaltung eines
OP mit offenem
Kollektorausgang

Ausgang mit offenem Kollektor

In der *Abb. 1.5.3-14* ist der offene Kollektorausgang für den Typ
860/760 zu sehen. Der Arbeitswiderstand R_C ist entsprechend
dem maximalen Strom für den durchgeschalteten Ausgangstransi-
stor zu berechnen. Ist z. B. der maximal zulässige Strom $I_C =$
45 mA und die Betriebsspannung 22 V, so ist dementsprechend

$$R_C = \frac{22 \text{ V}}{45 \text{ mA}} = 490 \ \Omega$$

zu wählen. Über den optimalen Wert von R_C ist in einem späteren
Abschnitt zu lesen.

1.6 Die Offsetspannung beeinflußt den Arbeitspunkt

Zunächst: was ist eine Offsetspannung? Eine Offsetspannung ist
für den Profi an sich eine unangenehme Sache. Es handelt sich um
eine unerwünschte Gleichspannung, die dem eigentlichen Nutzsi-

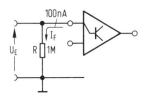

Abb. 1.6-1
Der Basisfehlstrom im Eingang

gnal überlagert ist. Das ist auch bei einem OP-AMP so. Dort entsteht nach Abb. 1.3-2 oder nach den Abb. 1.5.2-1a...c z. B. ein Basisstrom. Dieser ist zwar nur sehr gering. Er liegt im Bereich von 10...300 nA bei OP-AMPs, die nicht mit FET-Eingängen bestückt sind. Ein OP-AMP mit FET-Eingang ist dagegen praktisch an seinem Eingang stromfrei. Den störenden Eingangsstrom nennen wir Fehlstrom. Er kann positiv oder negativ sein.

Nach *Abb. 1.6.1* ergibt sich nun folgender Tatbestand, der den Profi recht nachdenklich stimmt. Der Fehlstrom sei 100 nA, der Widerstand nach Masse 1 MΩ, dann erhalten wir plötzlich eine Spannung U_E am Eingang, die bereits den Wert von $U_E = I_F \cdot R = 100 \cdot 10^{-9}$ A $\cdot 1 \cdot 10^6$ Ω = 0,1 V (!!) erreicht. Diese sogenannte Fehlspannung, entstanden durch den Basisstrom oder den sogenannten Fehlstrom, überlagert sich der Eingangsspannung. Das kann bei hochohmigen Generatoren zu Komplikationen führen. Nun ist das allerdings nicht ganz so kritisch, wenn wir bedenken, daß der zweite Eingang auch einen gleich großen Fehlstrom erzeugt. Ist dort der Ableitwiderstand ebenfalls genau 1 MΩ groß, so finden wir am zweiten Eingang eine gleiche Fehlspannung von 0,1 V vor. Und wir wissen bereits aus dem vorherigen Abschnitt, daß gleiche Spannungen an beiden Eingängen die Ausgangsspannung des OP-AMP nicht „verrücken".

Kompensation der Fehlspannungen

In den letzten beiden Sätzen stecken für die Hobby-Elektronik – wenn es sich nicht gerade um Aufgaben der genauen Meßtechnik handelt – wenig Probleme. Die meisten Schaltungen reagieren auf diese Fehlströme kaum merkbar unangenehm. Nun kann der

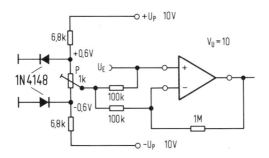

Abb. 1.6-2 Einfache Fehlstromkompensation

Profi mit diesem „kaum merkbar" wenig anfangen. Er will es genauer wissen: er kompensiert den Fehler. Und das wird in zwei Schritten gemacht.

1. Schritt: Kompensation der Fehlspannungen

Da die Fehlströme sowohl positiv als auch negativ gegen Masse sein können, wird nach *Abb. 1.6-2* ein einstellbarer Spannungsteiler aufgebaut, in dessen Abgriff der Fußpunktwiderstand der Eingänge geschaltet wird. Sind die Fehlströme beider Eingänge unterschiedlich, so kann für einige wenige Anwendungsfälle eine getrennte Kompensation für jeden Eingang vorgenommen werden. Haben die Fehlströme gleiche Richtung, aber unterschiedliche Größe, so können in Abb. 1.6-2 die beiden 100-kΩ-Widerstände entsprechend unterschiedlich gewählt werden. Einfache OP-AMP-Schaltungen, und das ist eine große Vielzahl, kommen ohne jegliche Gleichsspannungskompensation aus. Über den Spannungsteiler wird ein gleich großer – aber in der Polarität entgegengesetzter Strom – eingespeist, der den Fehlstrom kompensiert, so daß am Eingang die Spannung 0 V entsteht. Von dieser Schaltung wird in Sonderfällen Gebrauch gemacht, wenn der Eingang gleichspannungsfrei sein muß.

51

2. Schritt: Kompensation der Verstärkerunsymmetrie

Darunter ist nun folgendes zu verstehen. (Wir greifen hierbei zurück auf Bild 1.5-3 mit dem Differenzeingang, der in Abb. 1.5-2 gesondert gezeichnet ist.) Beide Verstärker möchte der Hersteller uns mit gleichen elektrischen Eigenschaften liefern. Das schafft er aber nicht, auch wenn er es will. Und deshalb gibt es Verstärkungs- und Spannungsunsymmetrien im Eingang, die den Ausgangsspannungspegel von einer gewollten und gewünschten Ruhespannung, z. B. 0 V, abheben, so daß bei kurzgeschlossenem Eingang am Ausgang z. B. eine Spannung von $-4,8$ V entstehen kann. Was tun?

Um dem abzuhelfen, hat der Hersteller für uns einen Eingriff in den OP-AMP vorgenommen. Das ist sehr gut in dem Bild 1.5-3a

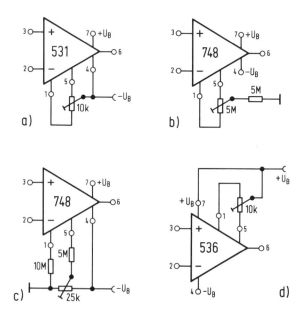

Abb. 1.6-3 Kompensationsschaltungen einiger OP-AMPs

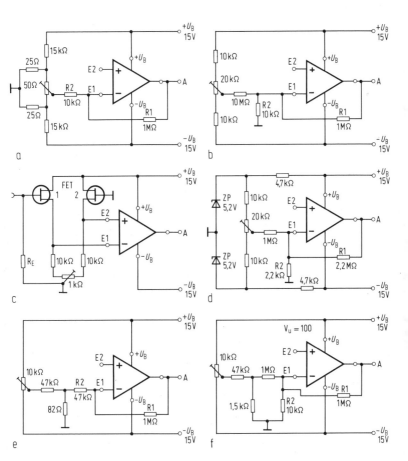

Abb. 1.6-4 Das sind verschiedene Kompensationsmöglichkeiten

zu sehen. Dort sind es die Anschlüsse 1 und 5. Für die wichtigsten OP-AMPs, mit denen wir hier arbeiten wollen, habe ich die Anschlüsse für die externe Balanceeinstellung in *Abb. 1.6-3* angegeben. Wenn aber mit dem OP-AMP 761, 861 oder dem Typ 709 gearbeitet wird, so sind hierfür keine Hilfsanschlüsse vorhanden.

53

Wird eine derartige Einstellung erforderlich, so kann die Schaltung nach Bild 1.6-2 herangezogen werden. Eine Auswahl praktischer Schaltungsvorschläge ist weiterhin in *Abb. 1.6-4a...f* zu entnehmen. Außer in Abb. 1.6-4c, in der der OP-AMP durch zwei FETs „hochohmig" gemacht wurde, und über den so entstandenen Brückeneingang beide Eingangszweige eingestellt werden, ist in allen anderen Schaltungen nur der invertierende Eingang beaufschlagt worden. Der Abgleich wird so vorgenommen, daß bei $U_{E2} = 0$ V ebenfalls am Ausgang A die Spannung = 0 V ist.

Ein Schaltungsvorschlag für einen genauen Abgleich

Das betrifft einen Fall, wenn, ähnlich wie in Abb. 1.6-2 beide Eingänge frei von Fehlspannungen gehalten werden sollen. Sehen wir uns dazu die *Abb. 1.6-5* an. Der Abgleich erfolgt folgendermaßen. Ein hochohmiges mV-Meter wird an den Punkt E 1 angeschlossen. Mit P 1 wird die Spannung an E 2 auf Null

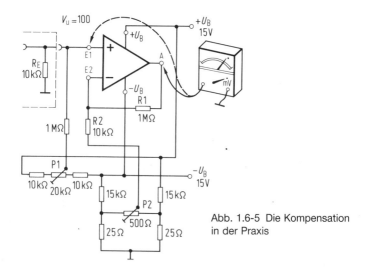

Abb. 1.6-5 Die Kompensation in der Praxis

gestellt. Danach wird das Meßgerät an A angeschlossen und mit P 2 die Spannung an A auf Null gestellt.

Das ist wichtig!

Damit von vornherein bei der Schaltungsauslegung die beste Voraussetzung für die Kompensation geschaffen wird, soll man versuchen, die Ohmschen Widerstände in den Eingangskreisen E 1 und E 2 möglichst gleich groß zu machen. Dadurch wird erreicht, daß bei annähernd gleichen Eingangsfehlströmen auch die Eingangsfehlspannungen gleich sind, was zu der Möglichkeit der Ausgangsspannungsänderung Null führt.

1.7 Was ist eine Frequenzkompensation?

Operationsverstärker der „neuen Generation" arbeiten häufig genug schon ohne Frequenzkompensation. Oft haben wir es in der Hobby-Elektronik jedoch noch mit OP-AMPs zu tun, die eben eine Frequenzkompensation benötigen. Das ist jedoch nichts Abwertendes. Im Gegenteil lassen sich so oft Schaltungen hinsichtlich ihres Frequenzverhaltens optimieren. Durch interne Mitkopplungen einzelner Stufen entsteht im OP-AMP eine Schwingneigung, die nach *Abb. 1.7-1* z. B. bei Rechteckansteue-

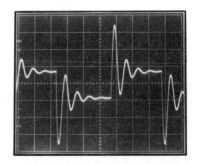

Abb. 1.7-1
Die Schwingneigung ohne
Frequenzkompensation

55

rung zu einem Überschwingen führt. Der Hersteller gibt für OP-AMPs, die frequenzkompensiert werden müssen, an, wie man das machen soll. Zwei wichtige Typen sollen uns an dieser Stelle interessieren: Der Typ 761/861 und der Typ 709. Dazu noch einmal die Abb. 1.5-3b und c mit den dort gezeigten Anschlüssen für die Frequenzkompensation. Beim Typ 761/861 genügt ein Kondensator in der Größe von 20 pF von Punkt 7 nach 8.

Das ist leider nun nicht mehr so einfach beim Typ 709. Dort ist von Punkt 1 nach Punkt 8 die Serienschaltung eines R-C-Gliedes erforderlich, wobei sich die Größe der Kapazität nach der von uns eingestellten Verstärkung richtet. Weiter wird noch ein Kondensator von Punkt 5 nach 6 gewünscht. Das bitte grundsätzlich auch einhalten in reinem Gleichstrombetrieb – Schwingneigung –. Bei großen Verstärkungen (> 100) kann auf den Kondensator C_2 verzichtet werden. Wie das alles nun funktioniert, zeigt *Abb. 1.7-2.* Die Bauelemente C_1, R_3 und C_2 stellen die Kompensationsbauteile dar. Ihre Größe ist der dort aufgeführten Tabelle zu entnehmen. Lassen wir sie für uns als Anhaltspunkte gelten. Die Kurven 1...4 in Abb. 1.7-2 beziehen sich nun auf folgende Verstärkungswerte – siehe auch die Angaben für R_1 und R_2. Kurve 1: $V_u = 1000$; Kurve 2: $V_u = 100$; Kurve 3: $V_u = 10$; Kurve 4: $V_u = 1$.

1.8 Die Aussteuereigenschaften des OP

1.8.1 Der OP im Verstärkerbetrieb

Die häufigste Anwendung des OP ist in der Gleich- oder Wechselspannungsverstärkung zu finden. Der Ausgangsspannungshub des OP wird erheblich durch die Gegenkopplungsbeschaltung beeinflußt. Das ist besonders im Hinblick auf die obere Grenzfrequenz zu sehen.

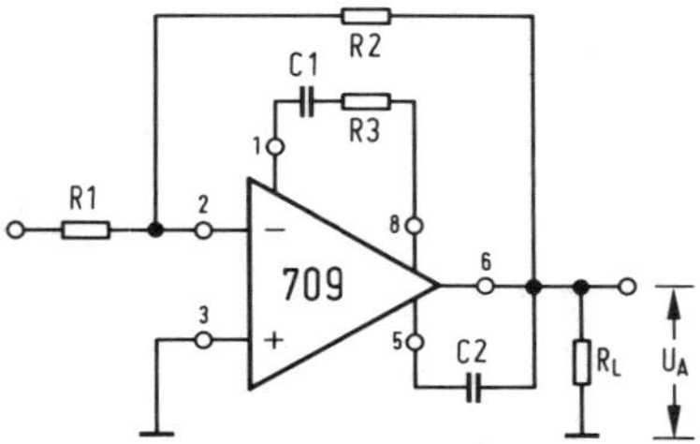

Diagr.	Kurve No.	Betriebsbedingung				
		R1 (Ω)	R2 (Ω)	R3 (Ω)	C1 (pF)	C2 (pF)
Ⓐ	1	10k	10k	1,5k	5k	200
	2	10k	100k	1,5k	500	20
	3	1k	1M	1,5k	100	3
	4	1k	1M	0	10	3
Ⓑ	1	1k	1M	0	10	3
	2	10k	1M	1,5k	100	3
	3	10k	100k	1,5k	500	20
	4	10k	10k	1,5k	5k	200

Abb. 1.7-2 Die Frequenzkompensation beim Typ 709

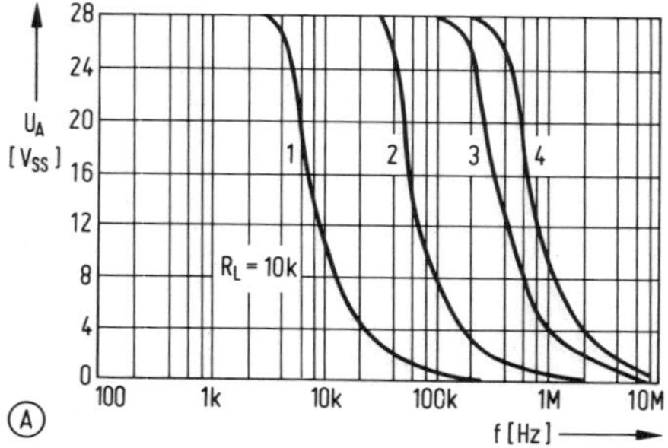

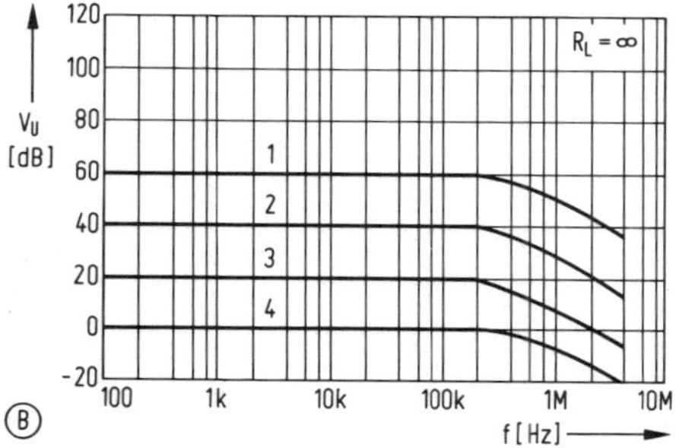

Ⓑ

Ⓐ

So sehen die Kurven zu der Schaltung in Abb. 1.7-2 aus

57

Der Frequenzgang

Die *Abb. 1.8.1-1* läßt erkennen, daß ein im Gegenkoppelzweig unbeschalteter OP eine relativ geringe obere Grenzfrequenz aufweist. Je kleiner die Verstärkung eingestellt ist, desto größer ist die erzielbare Bandbreite. In dem Beispiel Abb. 1.8.1-1 sind für drei frei gewählte Verstärkungen V_u = 65 dB, 45 dB und 25 dB

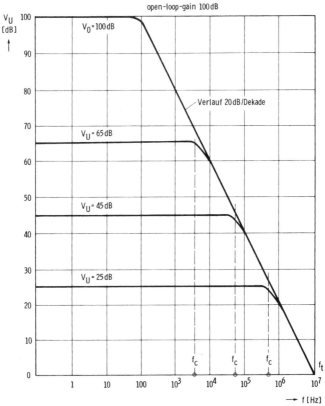

Abb. 1.8.1-1 Erweiterung der Frequenzgrenze bei kleineren Verstärkungen

die oberen Grenzfrequenzen f_o (f_c = cut off-frequency) wie folgt abzulesen:

$f_c = f_o$	Verstärkung (dB)	V_u
100 Hz	100	100 000
5000 Hz	65	1 800
50 kHz	45	180
500 kHz	25	18

Sollten für beliebige Verstärkungswerte die zugehörigen -3-dB-Frequenzen (f_o) errechnet werden, so gilt

$$f_o \approx \frac{f_t}{V_u}.$$

Beispiel: Aus der Tabelle und Abb. 1.8.1-1 ist mit $f_t = 10$ MHz für $V_u = 45$ dB $\triangleq 180$ die Eckfrequenz

$$f_o \approx \frac{1 \cdot 10^7}{180} = 55 \text{ kHz}.$$

Bei sehr großen Verstärkungen ist zu rechnen

$$f_o \approx f_c + \frac{f_t}{V_u}$$

mit f_c als -3-dB-Frequenz bei offener Schleife (8...500 Hz).

Sollen hohe Verstärkungswerte bei großen Bandbreiten erzielt werden, so muß ein OP mit hoher f_t-Frequenz (Unity gain bandwidth) gewählt werden. Eine geringfügige Erweiterung der oberen Grenzfrequenz ist durch die Serienschaltung zweier OPs mit geringer Verstärkung gegeben.

Beispiel: Liefert nach Abb. 1.8.1-1 ein OP mit $V_u = 45$ dB eine Frequenz $f_c \approx 50$ kHz, so erreichen theoretisch zwei in Serie geschaltete OPs mit je 25 dB und $f_1 = 500$ kHz bei $V_u = 50$ dB eine Bandbreite von

$$f_o = \sqrt{2 \cdot f_1^2} = 700 \text{ kHz}.$$

Stabilitäts- und Rauscheigenschaften verschlechtern sich bei derartigen Schaltungen.

Gleichtaktunterdrückung (CMRR) bei höheren Frequenzen

Während bei Gleichspannungen und im unteren Frequenzbereich CMRR-Werte von 100 dB erreicht werden, sinkt die Gleichtaktunterdrückung mit steigender Frequenz nach *Abb. 1.8.1-2*; der Kurvenverlauf ist hier – zufällig – mit 20 dB pro Dekade zu erkennen. Im Einzelfall sind die Herstellerdaten heranzuziehen.

Maximale unverzerrte Ausgangsspannung bei Laständerung

In den Schaltbildern Abb. 1.5.3-1 (741) und 1.5.3-2 (LF 355) ist am Ausgang eine Transistorschaltung zu erkennen, deren Kollektorstrecke der Basis-Emitterstrecke des einen Ausgangstransistors parallel geschaltet ist. Der Widerstand hat je nach OP einen Wert von 18...25 Ω. Dieser Schalttransistor öffnet bei ca. 0,6 V; entsprechend einem Strom von

$$I \approx \frac{0,6 \text{ V}}{25 \text{ Ω}} = 24 \text{ mA}.$$

Aus diesem Grunde ist bei entsprechender Last mit einer Begrenzung der Ausgangsspannung zu rechnen. In der *Abb. 1.8.1-3* ist das gezeigt. Wird dort ein Lastwiderstand von 500 Ω herangezogen, so setzt die Spannungsbegrenzung bei $U_{Ass/2} = 11$ V Spitze ein. Damit ist

$$I_A = \frac{11 \text{ V}}{500 \text{ Ω}} = 22 \text{ mA}.$$

Einstellzeit (Settling time t_s)
und Anstiegszeit (Transient response t_r)

Einstellzeit t_s

Ein OP weist bei steilen Impulsen nach *Abb. 1.8.1-4* einen Einschwingvorgang auf, der einer aperiodischen Schwingung ent-

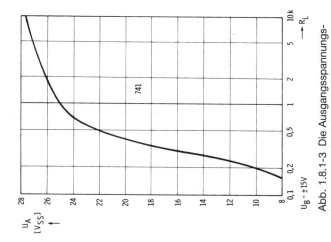

Abb. 1.8.1-3 Die Ausgangsspannungs-
begrenzung durch interne Schutzschaltung

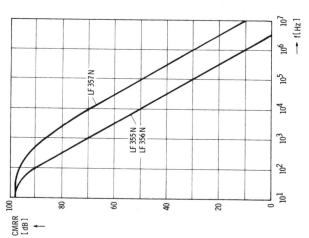

Abb. 1.8.1-2 CMRR-Werte in
Abhängigkeit der Arbeitsfrequenz

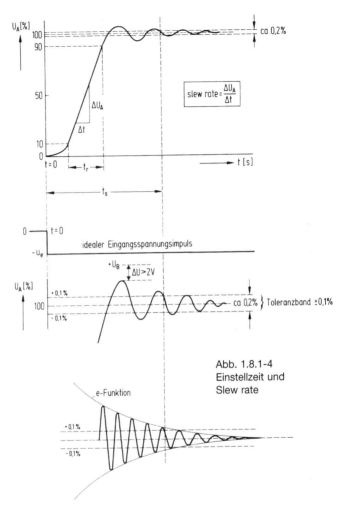

$$\text{slew rate} = \frac{\Delta U_A}{\Delta t}$$

Abb. 1.8.1-4
Einstellzeit und
Slew rate

spricht. Die Amplitude ist abhängig vom OP und von den externen Beschaltungen der Gegenkopplung und Lastkapazität. Typische Einschwingzeiten sind als Beispiel für $V_u = 1$ beim LF 356:

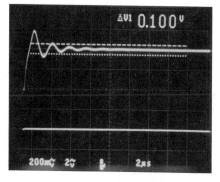

Abb. 1.8.1-4a
Einstellzeit mit
eingeblendetem
100-mV-Toleranz-
schlauch

$t_s = 1,5$ µs für $U_A \pm 0,01\%$ und beim 741: $t_s = 0,3$ µs für $U_A = \pm 5\%$.

Für einen Amplitudengang nach Abb. 1.8.1-1 gilt für eine Toleranzbreite nach Abb. 1.8.1-4 von $\pm 0,1\%$ die Einstellzeit

$$t_{s0,1} \approx \frac{1,12}{f_o}$$

sowie für eine Toleranzbreite von $0,01\%$

$$t_{s0,01} \approx \frac{1,47}{f_o}.$$

Der aperiodische Sprung erreicht im ersten Fall nach ca. 7 Schwingungen und im zweiten Fall nach ca. 9 Schwingungen den Toleranzschlauch. In dem Oszillogramm *Abb. 1.8.1-4a* ist ein Toleranzschlauch von 100 mV, bei einer Ausgangsspannungs-Amplitude von 1,6 V, eingeblendet.

Beispiel: Ist aufgrund der Gegenkopplung $V_u = 45$ dB mit $f_o = 55$ kHz, so ist

$$t_{s0,1} \approx \frac{1,12}{55 \text{ kHz}} = 20 \text{ µs}.$$

Bei $V_u = 1$ entsprechend 10 MHz wird dann

$$t_{s0,1} \approx \frac{1,12}{10 \text{ MHz}} = 0,11 \text{ µs}.$$

Die Einstellzeit des OP wird in den Datenblättern normalerweise unter diesen Bedingungen genannt, wobei oft noch die Größe einer Lastkapazität angegeben wird.

Anstiegszeit t_r

Die Anstiegszeit t_r entspricht in Abb. 1.8.1-4 der bekannten Amplitudendifferenz von 10 % auf 90 %, resp. bei fallender Flanke von 90 % auf 10 %. Aus der Größe der Anstiegszeit läßt sich die −3-dB-Bandbreite wie folgt ermitteln:

$$f_o \approx \frac{0,35}{t_r} \text{ [MHz; µs]}$$

Beispiel: Ist nach Abb. 1.8.1-4 die Zeit $t_r = 2,5$ µs, so wird entsprechend

$$f_o \approx \frac{0,35}{2,5} = 140 \text{ kHz.}$$

Durchsteuerzeit (Slew rate SR)
und Leistungsbreite (Power bandwidth)

Durchsteuerzeit SR

In der *Abb. 1.8.1-5* lädt ein Konstantstrom den Kondensator C auf. Innerhalb des gezeigten Bereiches verläuft der Spannungsanstieg pro Zeiteinheit linear. Es ist mit

$$\frac{\Delta U}{\Delta t} = SR = \frac{i}{C} \text{ [V/s].}$$

Beispiel: Der maximale Kollektorstrom des Differenzverstärkers beträgt 75 µA zum Laden der Eingangskapazität von 40 pF des nachfolgenden Verstärkers. Dann ist die Slew rate

$$SR = \frac{75 \text{ µA}}{40 \text{ pF}} = 1875 \cdot 10^3 \text{ V/}_s = 1,875 \text{ V/}_{µs}.$$

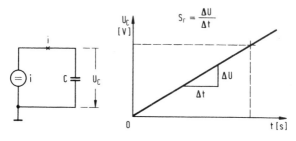

Abb. 1.8.1-5 Kondensatorspannung als Funktion des Konstantstroms

Aus diesem Grunde ist mit Ausgangsverzerrungen zu rechnen, wenn der OP-typische Wert der Slew rate überfordert wird. Es wird einmal eine Amplitudenreduzierung und zum anderen eine

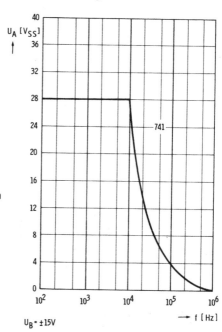

Abb. 1.8.1-6
Ausgangsspannungs-
begrenzung bei höheren
Frequenzen

$U_B = \pm 15V$

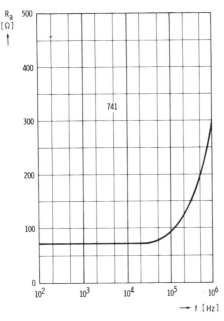

Abb. 1.8.1-7
Die Vergrößerung
der Ausgangsspannungs-
impedanz bei höheren
Frequenzen

Kurvenformverzerrung entstehen. In der *Abb. 1.8.1-6* ist zu erkennen, daß ein Sinussignal bis ca. 10 kHz noch mit einer maximalen Amplitude von 28 $V_{ss} \triangleq 14 V_s$ überträgt. Bei höheren Frequenzen ist eine entsprechende Reduzierung der Ausgangsspannung erforderlich, um den Wert der Slew rate zu erreichen.

Die *Abb. 1.8.1-7* gibt einen weiteren Aufschluß. Bei höheren Arbeitsfrequenzen vergrößert sich die Ausgangsimpedanz. Dieser Effekt ist auch bei ausreichender Leistungsbandbreite zu berücksichtigen, wenn im Gebiet höherer Frequenzen gearbeitet wird.

Die Kurvendarstellung in *Abb. 1.8.1-8* entspricht der obigen Rechnung. Die maximale unverzerrte Ausgangsspannung errechnet sich aus

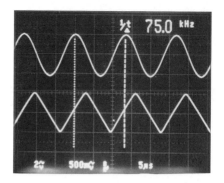

Abb. 1.8.1-8
Verzerrung einer
Sinusspannung bei zu
hoher Arbeitsfrequenz

$$U_{a_s} = \frac{SR}{2 \cdot \pi \cdot f_o} \ [U_s;\ Hz].$$

Wird für $U_{a_{max}}$ der Wert U_{ss} herangezogen, so ist entsprechend zu setzen:

$$U_{a_{ss}} = \frac{SR}{4 \cdot \pi \cdot f_o}.$$

Beispiel: $SR = 2\ V/_{\mu s}$ und $f_o = 250$ kHz. Dann ist die maximal mögliche Spitzenspannung

$$U_{a_s} = \frac{2 \cdot 10^6}{2 \cdot \pi \cdot 250\ kHz} = 1{,}27\ V.$$

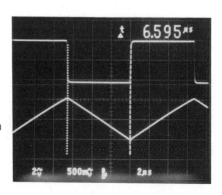

Abb. 1.8.1-9
Verzerrung einer
Rechteckspannung bei zu
hoher Arbeitsfrequenz

Hier ist zu berücksichtigen, daß SR $= 2$ V/$_{\mu s}$ dem Wert $2 \cdot 10^6$ entspricht.

Beispiele für die Verzerrung der Ausgangsspannung sind in den Oszillogrammen Abb. 1.8.1-8 und *1.8.1-9* zu erkennen. In beiden Fällen wurde ein 741 benutzt bei einer Arbeitsfrequenz von 75 kHz, einer Eingangsspannung $U_E = 1$ V_{ss} und einer Ausgangsspannung von 4 V_{ss}. Die eingestellte Verstärkung des OP betrug lt. Gegenkoppelnetzwerk ≈ 12. Sowohl das Sinuseingangssignal in Abb. 1.8.1-8 als auch das Rechteckeingangssignal in Abb. 1.8.1-9 ergeben ein Dreiecksignal von 4 V_{ss}. Wird hieraus die Slew rate ermittelt, so liegt diese bei (Abb. 1.8.1-9)

4 V/6,59 $\mu s = 0,6$ V/$_{\mu s}$ (741 lt. Datenblatt $\approx 0,5$ V/$_{\mu s}$).

In dem Oszillogramm *Abb. 1.8.1-10* wird die Slew rate bei einem unverzerrten Reckteckausgangssignal ermittelt. Im gemessenen Bereich von 400 mV beträgt diese 1,0 μs. Die *Abb. 1.8.1-10a* zeigt das Slew-rate-Diagramm.

Leistungsbandbreite (Power bandwidth)

Unter Leistungsbandbreite wird der Frequenzbereich verstanden, bei welchem die Slew rate gerade noch groß genug ist für die

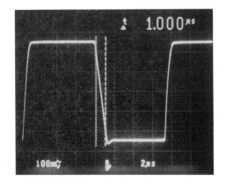

Abb. 1.8.1-10
Ermittlung der
Slew rate

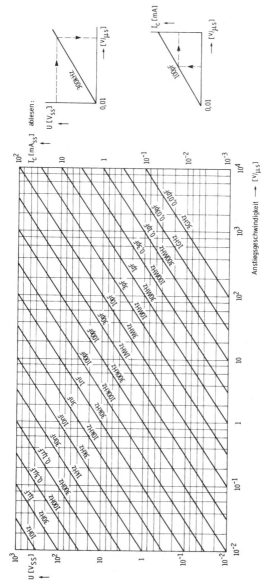

Abb. 1.8.1-10a Slew-rate-Diagramm

69

erforderliche Signalanstiegsgeschwindigkeit. Es wird auf den
Null-Durchgang einer Sinusspannung hinsichtlich des Quotienten

$$SR = \frac{\Delta U}{\Delta t}$$

Bezug genommen. Aus der Ableitung der oben bereits benutzten
Gleichung ist hier die Leistungsbandbreite

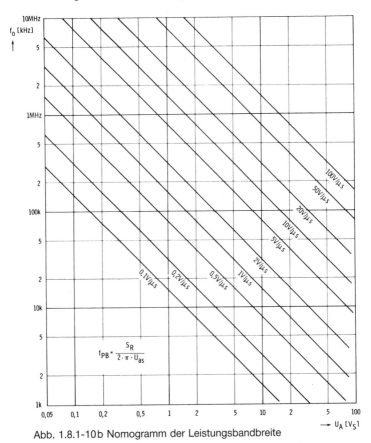

Abb. 1.8.1-10b Nomogramm der Leistungsbandbreite

70

$$f_{PB} = \frac{SR}{2 \cdot \pi \cdot U_{a_s} \cdot 10^{-6}} \quad \begin{array}{l} SR \; [V/\mu s] \\ f_{PB} \; [H_z] \\ U_{a_s} \; [V_s] \end{array}$$

Beispiel: $SR = 20 \; V/\mu s$; $U_{a_s} = 10$ V. Dann ist

$$f_{PB} = \frac{20}{2 \cdot \pi \cdot 10 \cdot 10^{-6}} = 318 \; kHz.$$

Die obige Gleichung ist zur schnellen Übersicht in dem Nomogramm Abb. 1.8.1-10b dargestellt.

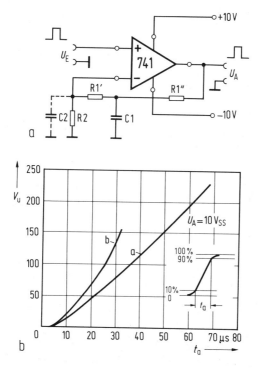

Abb. 1.8.1-11 Ein OP-AMP mit frequenzabhängiger Gegenkopplung

Versteilerung der Ausgangsflanken

Legt man von vornherein die Ausgangsspannung als kleinen Wert fest, z. B. $\Delta U_A = 1\ V_{ss}$, so ist dementsprechend der Anwendungsbereich breitbandiger als bei einem ΔU_A von z. B. 5 V_{ss}, da die Slew rate pro Volt Ausgangsspannung gleichbleibt. Für das Erreichen einer höheren Ausgangsspannung wird eine entsprechend längere Zeit benötigt.

Nun läßt sich ein OP-AMP unter bestimmten Betriebsbedingungen „schneller" machen, indem nach *Abb. 1.8.1-11a* die Gegenkopplung, also die Verstärkung, frequenzabhängig wird. Vorerst soll jedoch anhand der folgenden Tabelle festgelegt werden, wie die Slew rate von der Höhe der gewählten Verstärkung abhängt. Nach Abb. 1.8.1-11a betrachten wir R_1' und R_1'' als R_1 und lassen vorerst C_1 und C_2 einmal weg. Dann ergeben sich folgende Werte, bei einer Ausgangsspannung von 10 V_{ss} und einer Last von 10 MΩ/5 pF:

R_1	R_2	V_u	Anstiegszeit
470 kΩ	2,2 kΩ	213	65 µs
200 kΩ	1,5 kΩ	133	45 µs
470 kΩ	4,4 kΩ	106	37 µs
200 kΩ	2,2 kΩ	90	33 µs
200 kΩ	4,4 kΩ	45	17 µs
100 kΩ	4,4 kΩ	23	12 µs
10 kΩ	4,4 kΩ	2,3	8 µs
2,2 kΩ	2,2 kΩ	1	5 µs
2,2 kΩ	∞	Spannungsfolger	0,5 µs

Übersichtlicher ist das Ergebnis als „Kurve a" in der *Abb. 1.8.1-11b* dargestellt. Wird nach Abb. 1.8.1-11a mit den Werten von R_1', R_1'' sowie C_1 und C_2 gearbeitet, dann ergibt sich die „Kurve b" in Abb. 1.8.1-11b. Um das noch deutlicher zu machen, werfen wir einmal einen Blick auf die folgenden Oszillogramme

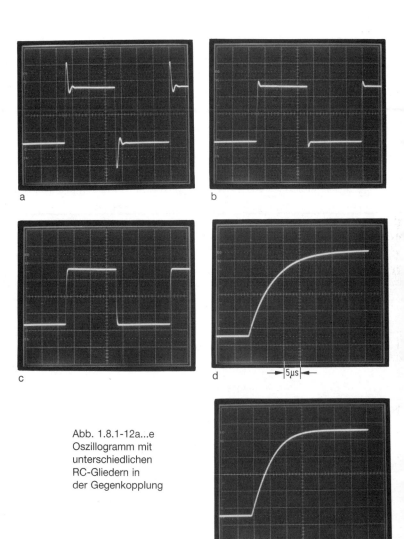

a

b

c

d   → |5µs| ←

Abb. 1.8.1-12a...e
Oszillogramm mit
unterschiedlichen
RC-Gliedern in
der Gegenkopplung

e   → |5µs| ←

Abb. 1.8.1-12a...e. Dabei liegen folgende Betriebsbedingungen zugrunde:

$R_L = 10$ MΩ; $C = 10$ pF; $U_A = 1$ V$_{ss}$; $R_2 = 4{,}4$ kΩ, $R_1' = R_1''$ $= 10$ kΩ; $C_2 = 0$ pF.

Das führt nun zu folgendem Ergebnis. In *Abb. 1.8.1-12a* ist C mit 220 pF zu groß gewählt. Ergebnis: Starkes Überschwingen, das auch zu einem Aussehen nach Abb. 1.7-1 führen kann. In *Abb. 1.8.1-12b* ist C mit 70 pF fast richtig gewählt. Das Oszillogramm *Abb. 1.8.1-12c* zeigt das Aussehen ohne Überschwingen für zwei Fälle, einmal mit $C = 35$ pF und mit $C = 0$ pF. Der Einfluß ist genauer erst in den gedehnten Flanken in den *Abb. 1.8.1-12d* und *e* zu erkennen. In Abb. 1.8.1-12d ist, wie in Abb. 1.8.1-12c, eine Kapazität von $C = 0$ pF gewählt. Das entspricht einer Anstiegszeit (10...90 %) von $t_a = 10$ µs. Anders in *Abb. 1.8.1-12e* mit $C = 35$ pF, wo die ganze „Sache" schneller wird und das mit einem Ergebnis von $t_a = 10$ µs. Das bekundet sich noch einmal in der Abb. 1.8.1-11b „Kurve b".

So – soll also ein OP-AMP schneller werden, dann nach Abb. 1.8.1-11a, wobei es sinnvoll ist, die R-C-Werte mit dem Oszillografen als Ergebnisanzeige so zu wählen, daß eine Kurvenform entsteht, die zwischen den Abb. 1.8.1-12b und c liegen darf.

Nun soll noch einmal erläutert werden, zu welcher Frequenz und bei welcher Ausgangsspannung ist überhaupt welche Slew rate erforderlich? Auf diese drei Fragen gibt die Kurvendarstellung in Abb. 1.8.1-11 Auskunft. Dazu ein Beispiel: Ein NF-Millivoltmeter soll bis 100 kHz mit geringem Verstärkungsverlust messen. Dabei soll die Ausgangsspannung 10 V$_{ss}$ betragen. Da in der Kurve 1.8.1-11 die Ausgangsspannung in V$_s$ angegeben ist, entsprechen 10 V$_{ss}$ dem Wert 5 V$_s$. Das ergibt bei 100 kHz eine erforderliche Slew rate von 2 V/µs. Wird z. B. mit dem Universaltyp 741 gearbeitet – mit einer Slew rate von 0,5 V/µs – so liegt dann bei 100 kHz Bandbreite die maximale Ausgangsspannung z. B. bei 0,8 V$_s$ $\triangleq$ 1,6 V$_{ss}$.

Schalterbetrieb

Wird der OP als Schalter – Impulsformer, Komparator – betrieben, so gelten für den ungesättigten Bereich des OP die im Abschnitt 4.1 gemachten Angaben. Wird die Ausgangsspannung des OP in dem Grenzbereich der positiven oder negativen Betriebsspannung betrieben, so bestimmt der Sättigungsbereich die Zeitänderung aus diesen Bereichen. Das bedeutet, daß der OP relativ schnell in die Sättigung gesteuert werden kann, wobei aus der Sättigung heraus dann eine Zeitverzögerung einsetzt.

Erholzeit (Recovery time)

Die bei Übersteuerung auftretende Zeitverzögerung wird Erholzeit genannt. In der *Abb. 1.8.1-13* ist der zeitliche Versatz von Ein- und Ausgangsspannung zu erkennen. Die Verzögerungszeit t_{d1} bezeichnet die Anfangsverzögerung bis zum Impulseinsatz. Nach der Zeit t_{d2} ist die Impulsspitze erreicht. Bei der fallenden Flanke ist die Zeitdifferenz mit t_{d4} bezeichnet. Je nach OP-Aufbau müssen die verzögerten Zeiten der ansteigenden Flanke und der fallenden Flanke nicht gleich groß sein. Das Oszillogramm *Abb. 1.8.1-14* zeigt den Fall aus der Praxis mit folgenden Daten: Betriebsspannung $U_B = \pm 5$ V; Steuerspannung

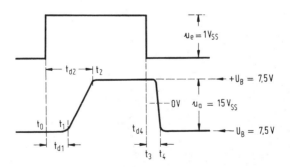

Abb. 1.8.1-13 Die Zeitverzögerung durch den Betrieb im Sättigungsbereich

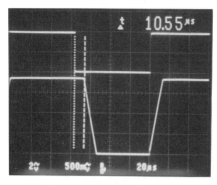

Abb. 1.8.1-14
Zeitverzögerung des
Ausgangssignals durch
den Sättigungsbetrieb

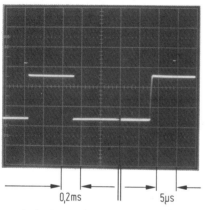

Oszillogramm einer
optimalen Frequenz-
kompensation (rechter
Teil der Zeitbasis
gedehnt mit 5μs/$_{Teil}$)

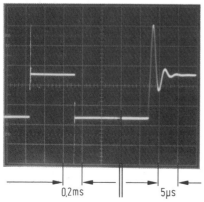

Überschwingen bei
einem OP (rechter
Teil der Zeitbasis
gedehnt mit
5μs/$_{Teil}$)

$u_c = 1 \ V_{ss}$; Ausgangsspannung $u_a = 7,8 \ V_{ss}$; Rechtecksignal 6,4 kHz.

Die Zeitverzögerung der abfallenden Flanke ist im Oszillogramm eingeblendet mit $\Delta t = 10,55 \ \mu s$.

1.9 Hinweise zum Einsatz von Operationsverstärkern

Nachdem wir uns bereits über die beiden Grundschaltungen des Operationsverstärkers als „Verstärker" unterhalten hatten, ist es sinnvoll, diese beiden noch einmal getrennt herauszustellen. Ein Operationsverstärker hat eine Verstärkung, die je nach Typ zwischen 50 000fach bis über 100 000fach liegt. Mit diesem Wert läßt sich in der Praxis nichts anfangen, weil sich dabei äußerst unstabile Arbeitsverhältnisse ergeben. So könnten theoretisch 10 mV Mikrofonspannung und eine Verstärkung von 100 000fach sehr leicht $10 \cdot 10^{-3} \ V \cdot 1 \cdot 10^5 = 1000 \ V$ Ausgangsspannung erzeugen. Leicht einzusehen, daß die Praxis dagegen spricht, zumal wir ja auch schon wissen, daß ein Operationsverstärker nur um die 10...30 V Betriebsspannung erhält. Merken wir uns, daß die Verstärkungswerte der Praxis zwischen 1- (Spannungsfolger) bis 200fach liegen. Natürlich geht's in bestimmten Fällen auch noch darüber, bis 1000fach. Aber dabei begibt man sich allzu leicht aufs Glatteis, wenn exakte Arbeitspunkteinstellungen nicht mehr gegeben sind. Nun kommt es natürlich vor, daß beispielsweise schon einmal so ein Verstärkungswert von 1000fach in einer Schaltung benötigt wird. Es ist in einem solchen Fall besser, nach *Abb. 1.9-1* zwei Operationsverstärker mit gleich großen Verstärkungswerten in Serie zu schalten, als einen Operationsverstärker mit hoher Verstärkung zu benutzen. In unserem Beispiel also zweimal eine Spannungsverstärkung von $V_u = 33 : 33 \cong 1000$fach einstellen.

In Abb. 1.9-1 ist zu berücksichtigen, daß die beiden Operationsverstärker ohne Hilfsanschlüsse nur als Verstärkersymbol dargestellt sind. Und damit sind wir wieder beim Thema der

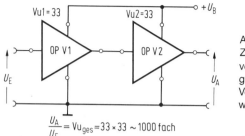

Abb. 1.9-1
Zwei Operations-
verstärker mit
gleich großen
Verstärkungs-
werten

$$\frac{U_A}{U_E} = V_{u_{ges}} = 33 \times 33 \sim 1000\,\text{fach}$$

Verstärkungseinstellungen. Siehe dazu die bereits beschriebenen Grundschaltungen.

Abb. 1.9-2a zeigt den Operationsverstärker als invertierenden Verstärker in Gleichspannungskopplung – Bezugspunkt für die Ausgangsspannung ist Masse –; also ist die Ausgangsruhespannung = 0 V. Das setzt ein duales Betriebsspannungssystem (zwei Versorgungsspannungen) voraus. Die Phasenlage zwischen U_E und U_A ist um 180° gedreht. Die Signalspannung wird am invertierenden Eingang eingespeist, und die Verstärkung errechnet sich dann sehr einfach aus der Größe von R_1 und R_2, und zwar ist die Verstärkung gleich

$$V_u = \frac{R_1}{R_2}$$

Wenn wir auch hier wieder etwas an die Praxis denken, dann wird R_1 nicht größer als 1 MΩ und R_2 nicht kleiner als (220 Ω) 1 kΩ gemacht. Mit diesem Wissen lassen sich alle praktikablen Verstärkungswerte erreichen ... diese Überlegung gilt auch für die übrigen Schaltungen nach *Abb. 1.9-2b...d.*

Nun zur Schaltung *Abb. 1.9-2b.* Diese Grundschaltung ist von der in Abb. 1.9-2a gezeigten Schaltung insofern verschieden, als daß hier mit nur einer Betriebsspannung gearbeitet wird. Sollen gleiche Ausgangsspannungswerte erreicht werden, so muß die ehemalige Spannung (Abb. 1.9-2a) von 2 × 10 V jetzt 20 V groß sein. Die Widerstände R_3 und R_4 stellen das Ruhepotential der

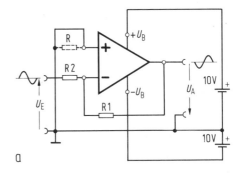

Abb. 1.9-2a
Invertierender
Operationsverstärker

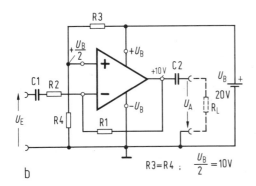

Abb. 1.9-2b
Schaltung mit
nur einer
Batteriespannung

$R3 = R4$; $\dfrac{U_B}{2} = 10V$

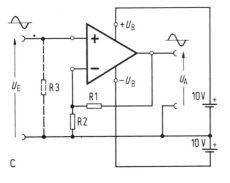

Abb. 1.9-2c
Den Eingangswiderstand
R_E erfährt man aus
dem Datenbuch

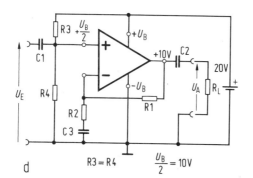

Abb. 1.9-2d
Eine „schwierige"
Grundschaltung mit
Wechselspannungs-
kopplung

d $R_3 = R_4$ $\dfrac{U_B}{2} = 10\,V$

Ausgangsgleichspannung ein. Diese soll $\dfrac{U_B}{2}$ groß sein, was die

Forderung nach R_3 gleich R_4 stellt. Für die Praxis wird R_3 oder R_4 nicht kleiner als 10 kΩ bis 100 kΩ und nicht größer als 1 MΩ gewählt. Die Verstärkung V_u wird auch hier wieder durch das Verhältnis von R_1 und R_2 bestimmt.

Nun ist hier aber wegen der hoch liegenden Arbeitsruhespannung des Operationsverstärkers eine RC-Kopplung, also C-An- und -Auskopplung erforderlich, um am Eingang und am Ausgang von der Spannung $\dfrac{U_B}{2}$ freizukommen. Für die Dimensionierung von C_1 und C_2 soll an folgende Forderung gedacht werden: Der Generator, also die Signalquelle, sieht auf den Widerstand R_2. Für diese Überlegung ist der invertierende Eingangspunkt des Operationsverstärkers potentialmäßig an Masse gelegt. Eine Forderung nach der unteren Grenzfrequenz f_u ist folgendermaßen zu berücksichtigen. Dazu ein Beispiel: Wird f_u mit 30 Hz gewählt und soll eine Verstärkungsabsenkung $\leqq 10\,\%$ bei dieser Frequenz erreicht werden, dann ist

$$R_C = \frac{1}{3} \cdot R_2.$$

80

Ist R_2 1 kΩ groß, so wird demnach mit

$$R_C = \frac{1}{2 \cdot \pi \cdot f_u \cdot C} \text{ und der Umformung nach}$$

$$C = \frac{1}{2 \cdot \pi \cdot f_u \cdot R_2} \text{ die Größe}$$

$$C = \frac{3}{2 \cdot \pi \cdot f_u \cdot R_2} = \frac{3}{6,28 \cdot 30 \text{ Hz} \cdot 1 \cdot 10^3 \text{ Ω}} = 1,6 \cdot 10^{-5} \text{ F},$$

also $\approx$ 16 µF.

Die gleiche Überlegung gilt für C_2, wobei in die Gleichung der Lastwiderstand R_L, gestrichelt gezeichnet, einzusetzen ist. Also, so alles in allem ist es nicht schwierig, die Schaltung nach Abb. 1.9-2a oder 1.9-2b richtig zu dimensionieren. Wer sich näher mit der Dimensionierung der R-C-Glieder befassen möchte, es steht im „Großen Werkbuch Elektronik", 5. Auflage (Franzis-Verlag – Nührmann) ausführlich beschrieben. Nun gibt es aber auch noch die Möglichkeit, am Operationsverstärker anstelle des invertierenden Eingangs den nichtinvertierenden Eingang anzusteuern. Das hat den Vorteil, daß der Eingangswiderstand dann weitaus hochohmiger ist, als der nach der Schaltung Abb. 1.9-2a oder 1.9-2b. Erinnern wir uns, in Abb. 1.9-2a oder 1.9-2b ist R_E vom Generator, also der Signalquelle gesehen, immer gleich R_2. Also recht einfach für Überlegungen. Anders nun in *Abb. 1.9-2c*. Bei sonst gleichen Spannungsverhältnissen für den Arbeitspunkt der Schaltung ist hier R_E aus den Daten des betreffenden Operationsverstärkers zu entnehmen. Praktische Werte liegen bei Operationsverstärkern ohne FET-Eingang um 500 kΩ...1,5 MΩ.

Wenn wir einen Operationsverstärker mit FET-Eingang benutzen, so muß der gestrichelte Gate-Widerstand R_3 eingeschaltet werden, so daß dann $R_E \approx R_3$ ist. Für die Verstärkungseinstellung wird's hier etwas umfangreicher. Der genaue Wert der Verstärkung errechnet sich aus der Gleichung

$$V_u = 1 + \frac{R_1}{R_2}.$$

Die „1" vor dem Bruchstrich ist nur bei kleinen Verstärkungswerten von Einfluß, so daß auch hier allgemein mit

$$V_u \approx \frac{R_1}{R_2}$$

gerechnet werden kann.

Die Schaltung nach *Abb. 1.9-2d* ist von allen vier Grundschaltungen die „schwierigste". Auch hier wird von der Wechselspannungskopplung ähnlich der Schaltung Abb. 1.9-2b Gebrauch gemacht, um die Arbeitspunktruhespannung

$$\frac{U_B}{2} = 10 \text{ V}$$

von Eingang und Ausgang zu trennen. Für die Berechnung von C_1, C_2 und C_3 gelten hinsichtlich der unteren Grenzfrequenz f_u die gleichen Berechnungsgrundlagen, wie wir sie bei Abb. 1.9-2b schon kennengelernt haben, nur: Bei C_1 wird für den zugehörigen Wert von R der Wert der Parallelschaltung aus R_3, R_4 und R_E berücksichtigt. Wir hatten gesagt, daß $R_3 = R_4$ zwischen 10 kΩ...1 MΩ groß sein darf und R_E je nach Operationsverstärker-Typ zwischen 500 kΩ...1,5 MΩ liegt. Bei Operationsverstärkern mit FET-Eingang ist R_E zu vernachlässigen und $R_3 = R_4$ darf dann schon einmal Werte bis zu 50 MΩ annehmen. Der Wert von C_2 richtet sich wie bei Abb. 1.9-2 wieder nach der Größe von R_L. Neu ist C_3. Auch dessen Wert wird für die untere gewünschte Grenzfrequenz nach der Überlegung von Abb. 1.9-2 so gewählt, daß er sie zusammen mit dem zugehörigen ohmschen Widerstand R_2 erreicht. Wir hatten diese Rechnung bei Abb. 1.9-2 mit den dort gestellten Forderungen schon gehabt und dort mit C_1, hier mit C_3 bezeichnet, ≈ 16 μF erhalten (siehe auch Großes Werkbuch Elektronik, 5. Auflage).

Bei den vier Grundschaltungen in den Abb. 1.9-2a...d ist aus der Praxis heraus noch etwas zu ergänzen, daß besonders bei

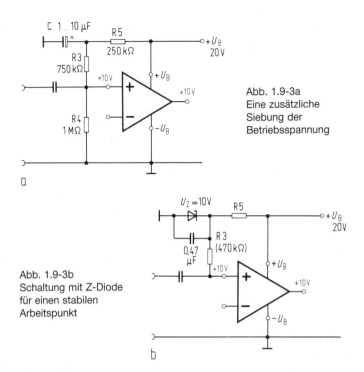

Abb. 1.9-3a
Eine zusätzliche
Siebung der
Betriebsspannung

Abb. 1.9-3b
Schaltung mit Z-Diode
für einen stabilen
Arbeitspunkt

Operationsverstärkern mit groß eingestellter Verstärkung von Bedeutung ist: In den Schaltungen 1.9-2a und 1.9-2c sollte die Eingangsleitung abgeschirmt werden, um Brummeinstreuungen zu vermeiden. Das gilt auch für die Schaltungen 1.9-2b und 1.9-2d, nur, daß hier noch eine weitere Überlegung hinzukommt.

Oftmals ist nämlich die Betriebsspannung U_B nicht ausreichend gesiebt oder wird von einem Endverstärker mit Impulsen beeinflußt. In diesem Falle wird nach *Abb. 1.9-3a* mit R_5 und C zusätzlich gesiebt. R_5 und R_3 bilden hier mit ihrer Summe den Wert von R_3 in der Schaltung 1.9-2b oder 1.9-2c. Das Verhältnis von R_3 und R_5 in Abb. 1.9-3a soll so gewählt werden, daß $R_5 \approx \frac{1}{4} \cdot R_3$ ist.

Beispiel: Ist R_3 in Schaltung 1.9-2b oder 1.9-2c = 1 MΩ groß, so wird $R_5 = \frac{1}{4} \cdot R_3 = 250$ kΩ und R_3 in Schaltung 3a entsprechend 1 MΩ − 250 kΩ = 750 kΩ. Berücksichtigt werden muß nun aber, daß die Komponente R_3 in Abb. 1.9-2b oder 1.9-2c für die Ermittlung des Wertes des Wechselstromeingangswiderstandes dann nicht 1 MΩ, sondern nur noch 750 kΩ „klein" ist.

In *Abb. 1.9-3b* wird ein noch stabilerer Arbeitspunkt gefunden. Hier wird eine Z-Diode mit

$$U_Z = \frac{U_B}{2}$$

hier also 10 V – eingesetzt. Der Widerstand R_3 entspricht wieder dem gewünschten Wert von z. B. 1 MΩ. R_5 wird so berechnet, daß durch die Z-Diode ein Strom von 2...5 mA fließt. Dafür lautet dann die Gleichung mit $I_Z = 3$ mA:

$$R_5 = \frac{U_B - U_Z}{3 \text{ mA}} \text{ ,}$$

in unserem Fall also $\frac{10 \text{ V}}{3 \text{ mA}} = 3,3$ kΩ.

Bei den Überlegungen zu diesen vier Grundschaltungen wurde – etwas einschränkend – mit einem Operationsverstärker gearbeitet, bei dem die Frequenzkompensation entfällt. Etwa mit dem Typ 741. Werden nun Operationsverstärker benutzt, bei denen eine Frequenzkompensation erforderlich ist, so muß diese zwangsläufig entsprechend der eingestellten Verstärkung – gemäß den Herstellerangaben – als RC-Glied berücksichtigt werden.

Und noch etwas soll nicht vergessen werden. Bei hochempfindlichen, mit Operationsverstärkern aufgebauten Gleichspannungsverstärkern gibt es Arbeitspunktinstabilitäten durch die Eingangsoffsetströme. Auch diese Schaltung ist gegebenenfalls in den Abb. 1.9-2a und 1.9-2c zu ergänzen. Schaltungsvorschläge dafür wurden ebenfalls in diesem Buch bereits gemacht. Genaueres ist übrigens auch in dem Buch „Operationsverstärker-Praxis" (Franzis-Verlag) nachzulesen.

2 Der Austausch von Operationsverstärkern

Dazu müssen wir ähnliche Kriterien heranziehen wie bei den bereits behandelten Fragen des Austausches von Transistoren. Doch einiges ist anders. Gehen wir auch hier wieder schrittweise vor ... und denken dabei etwas einschränkend an die Anwendungsgebiete moderner Operationsverstärker in der Hobbypraxis.

Dieses „Austauschen" soll uns dann auch eine Hilfe sein, einen OP-AMP einmal in einer vorliegenden Schaltung gegen einen äquivalenten – leicht erhältlichen – Universaltyp zu wechseln. Dies soll durch eine kleine Tabelle mit Vorschlägen erleichtert werden. Eine ausführliche Darstellung ist dem Buch „Operationsverstärker-Praxis" (Nührmann, Franzis-Verlag) zu entnehmen.

2.1 Die Betriebsspannung

In *Abb. 2.1-1* sind zunächst einmal die wichtigsten Anschlüsse eines OP-AMP gezeigt. Hier interessieren uns jetzt die Anschlüsse $+U_B$ und $-U_B$ wegen der Frage nach der maximalen Betriebsspannung. Von den einzelnen Herstellern gibt es dazu

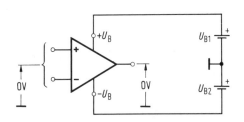

Abb. 2.1-1
Das sind die
Betriebsspannungen
des Operations-
verstärkers

unterschiedliche Definitionen. Da ist z. B. oft zu lesen $\pm U_B$ = 15 V, oder Betriebsspannung 15 V oder – das wird schon genauer – $+U_B$ = 15 V und $-U_B$ = 15 V. Ganz unsicher wird's bei der Bezeichnung: Betriebsspannung 30 V. Aus diesen Fragen heraus wollen wir uns auf folgende Darlegung einigen. Der Operationsverstärker benötigt immer zwei Betriebsspannungen, eine negative und eine positive. Beide haben als Bezugspunkt das Massepotential (Abb. 2.1-1). Dieses Massepotential ist oftmals mit dem Gleichspannungspotential des Einganges und des Ausganges identisch. (Näheres dazu im Buch „Operationsverstärker-Praxis", Franzis-Verlag). Diese beiden Spannungen sollen gleich groß sein. Die Werte liegen je nach Typ zwischen (5) 15 und 25 V, so daß der gesamte Spannungsbedarf dann 30...50 V groß sein kann ... nicht muß. Wird in einer Schaltung tatsächlich eine derart hohe Spannung benutzt, so muß auch der Austauschtyp dieser Spannung entsprechen.

2.2 Kurzschlußfestigkeit und Leistung

Betrachten wir zunächst die Frage der Leistung und unterscheiden einmal zwischen den „15...25-mA-Typen" und den „60-mA-Typen". Die meisten OP-AMP sind solche der 15-mA-Typen, die oftmals Spitzenströme bis zu 25 mA ohne Verzerrungen „verkraften". Die beiden bekannten Vertreter der 60-mA- oder 70-mA-Typen sind die mit der Bezeichnung 761/861. Kurz die Daten:

TAA 761 U_B = ± 18 V (maximal);
I_A = 70 mA (maximal);
TAA 861 U_B = ± 10 V (maximal);
I_A = 70 mA (maximal).

Das bedeutet, daß die „Leistungstypen" bereits direkt als Lampen- oder Relaistreiber benutzt werden können.

Die Frage der Kurzschlußfestigkeit ist zunächst einmal weniger bedeutend, wenn davon ausgegangen wird, daß in einer richtig entwickelten Schaltung der Ausgang des OP-AMP nicht kurzgeschlossen werden kann. Dazu sei noch angemerkt, daß die zweite Generation der Operationsverstärker fast ausschließlich kurzschlußfest ist. Bei den Typen 761 und 861 ist davon auszugehen, daß der maximale Strom – bei gegebener zusätzlicher Kühlfläche – keinesfalls überschritten wird. Da die letztgenannten OP-AMP mit offenem Kollektor arbeiten, ist der „worst-case"-Fall gegeben, wenn mit kleinem Ausgangswiderstand gearbeitet wird.

2.3 Die Art des Ausgangs

Hier ist beim Wechseln eines OP-AMP lediglich darauf zu achten, ob der OP-AMP einen Ausgangswiderstand als Arbeitswiderstand benötigt oder nicht. Das ist dann gegeben, wenn es sich wie im Fall des 761 oder 861 um einen offenen Kollektorausgang handelt. Bei den übrigen OP-AMP mit der bekannten Komplementärausgangsstufe ist das nicht der Fall. Die Größe des Widerstandes – beim 761 oder 861 –, der vom Ausgang nach $+U_B$ zu schalten ist, liegt bei 2 kΩ. Werte zwischen 1 kΩ und 3,3 kΩ sind ebenfalls anzutreffen. Wollen wir z. B. den OP-AMP Typ 741 gegen den etwas schnelleren 761 austauschen, so kann grundsätzlich die Schaltung des 741 beibehalten werden. Lediglich vom Ausgangspunkt zum positiven Pol der Betriebsspannung ist der erwähnte Widerstand einzuschalten. Vergessen werden sollte nicht, daß der 761 einen 20-pF-Kompensationskondensator benötigt. Die Ausgangswiderstände der übrigen Operationsverstärker mit Komplementärausgang liegen zwischen 50 Ω und 150 Ω. Das ist für die meisten Schaltungen in unserer Hobbypraxis belanglos. Bei Meßverstärkern mit definiertem Ausgangswiderstand ist jedoch darauf zu achten.

2.4 Wahl der Offsetkompensationswerte

Bei den meisten Verstärkeranwendungen – besonders im NF-Gebiet – wird von dieser Schaltungstechnik überhaupt kein

Gebrauch gemacht. Für Meßverstärker ist das jedoch oft der Fall. Hier muß bei dem neuen Typ des gewählten OP-AMP dann dessen „hauseigene" Kompensationsschaltung übernommen werden. Das bedeutet im Ernstfall eine Schaltungsänderung einiger Bauteile, deren Art und die Größe der Bauteilewerte den Datenblättern des neuen OP-AMP entnommen werden müssen. Siehe dazu auch das Kapitel 1.6.

2.5 Der Eingangswiderstand

Oft werden elektronische Schaltungen mit Operationsverstärkern aufgebaut, die den Eingangswiderstand als bestimmenden Faktor der Schaltung mit berücksichtigen. Hier gibt es – vereinfacht eingeteilt – drei Gruppen:

- bipolarer Eingang (Transistoreingang) $R_E \approx 200$ kΩ...1 MΩ
- Darlingtoneingang $R_E \approx 2...10$ MΩ
- FET-Eingang $R_E \approx 10^{12}$ Ω

Werden also in elektronischen Schaltungen hochohmige Eingangswiderstände benötigt, so müssen beim Austauschen entsprechende Typen benutzt werden.

2.6 Die Frequenzkompensation

Zunächst einmal soll versucht werden, einen OP-AMP als Austauschtyp zu wählen, der keine Frequenzkompensation mit einem externen Kondensator und Widerstand benötigt. Man spricht hier von interkompensierten Typen. Fordert der Hersteller jedoch eine Kompensationsschaltung, so ist es erforderlich, diese Empfehlungen auch zu nutzen. Die folgenden vier Oszillogrammaufnahmen zeigen fehlerhafte Ausgangssignale durch falsch angewandte Kompensation. Diese Fehler machen sich z. B. in NF-Verstärkern mit OP-AMP als Verzerrungen bemerkbar. In Elek-

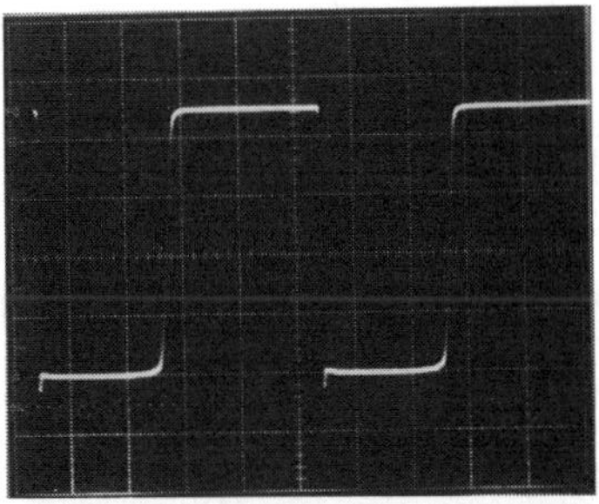

Abb. 2.6-1 Die Ausgangs-
spannung eines richtig
kompensierten OP-AMP, an
dessen Eingang eine 200-kHz-
Rechteckspannung liegt.

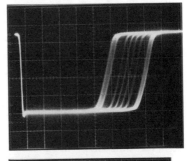

Abb. 2.6-2 Hier bringt
eine zu kleine Kompensations-
kapazität das Oszillogramm
zum „Jittern" (Zittern)

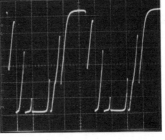

Abb. 2.6-3 Hier kommt
noch Verkopplung durch
eine ungünstige Leiter-
bahnführung hinzu

tronikschaltungen führen die Fehler zu unstabilen Funktionen,
über deren Ursachen man sich dann oft nicht im klaren ist.

Zunächst zeigt *Abb. 2.6-1* ein 200-kHz-Ausgangssignal des OP-
AMP 761 mit richtiger (20 pF) Frequenzkompensation. *Abb.
2.6-2* ist unter gleichen Verhältnissen aufgenommen, jedoch
wurde der Kompensations-Kondensator zu klein gewählt. Deut-

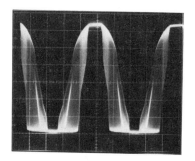

Abb. 2.6-4 Und dieses sieht man, wenn der Kompensationskondensator fehlt.

lich ist das Jittern erkennbar. In *Abb. 2.6-3* wurde der richtige Wert des vorgeschriebenen 20-pF-Kondensators ebenfalls nicht benutzt. Hinzu kam hier eine kapazitive Verkopplung auf den nicht invertierenden Eingang durch schlechte Verdrahtung. Schließlich zeigt *Abb. 2.6-4*, wie das Ausgangssignal von Abb. 2.6-1 aussehen kann, wenn überhaupt kein Kondensator eingeschaltet wird. Der beste Abgleich ist die „Vorschrift des Herstellers" – oder aber mit einem Oszilloskop nach Abb. 2.6-1 die Kompensation zu optimieren.

2.7 Pinkompatibilität

Mit der zweiten Generation von OP-AMP hat sich der 741 als Universaltyp durchgesetzt. Weitere verbesserte Operationsverstärker der dritten Generation verschiedener Hersteller benutzen das gleiche Anschlußbild. Hier gibt der nachfolgende Tabellenteil weitere Auskunft. Auf jeden Fall ist es sinnvoll, auf eine mögliche Pinkompatibilität zu achten.

2.8 Die Slew rate

Die Slew rate, gemessen in Volt pro Mikrosekunde, gibt an, wie „schnell" der Operationsverstärker ist. Im wesentlichen wird dadurch das Einsatzgebiet bei der oberen Grenzfrequenz bestimmt. Während der 741 sich mit 0,5 V/µs begnügt, gibt es auch Operationsverstärker mit einer Slew rate $\geqq 100$ V/µs.

Wie sich eine zu niedrige Slew rate bei höheren Frequenzen störend bemerkbar macht, soll in den *Abb. 2.8-1...2.8-3* gezeigt werden. Die Oszillogramme wurden am Ausgang des 741 (0,6 V/µs) aufgenommen. Das Eingangssignal war jeweils ein Rechtecksignal, so, wie es z. B. in Abb. 2.6-1 zu sehen war. Die Betriebsspannung betrug ± 7 V und der Ablenkfaktor des Oszilloskops jeweils 2 V/Teil.

In *Abb. 2.8-1* (f = 8 kHz, Rechteck) zeichnen sich bereits die langsamen Flanken des Rechtecksignales ab. Der Spannungs-

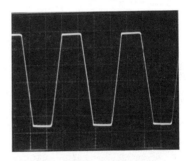

Abb. 2.8-1 Schon bei 8 kHz werden beim 741er aus den Rechtecken Trapeze; die Ausgangsamplitude ist 11 V_{ss}

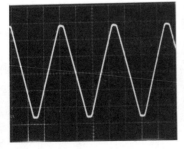

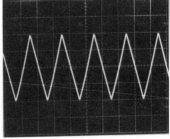

Abb. 2.8-2 Bei 17 kHz sind es schon fast Dreiecke geworden; Die Amplitude ist noch 11 V_{ss}

Abb. 2.8-3 Bei 30 kHz aber ist auch die Amplitude nur noch 8 V_{ss}

91

sprung ist für 0,5 V/µs zu schnell. In *Abb. 2.8-2* ist das noch deutlicher zu erkennen, hier ist die Rechteckfrequenz auf 17 kHz erhöht. Die Amplitude wird gerade noch gehalten. Das Ausgangssignal ist bereits trapezförmig verzerrt. Und in *Abb. 2.8-3* ist bei f = 30 kHz sowohl das Rechteck- zu einem Dreiecksignal verzerrt (integriert) als auch die Amplitude bereits um 3 V_{ss} kleiner geworden. Bei der Wahl der Slew rate soll das nachfolgende Nomogramm helfen. (Näheres dazu ebenfalls im Buch „Operationsverstärker-Praxis", Franzis-Verlag.)

2.9 Äquivalenter Austausch von OPs

In der folgenden Übersicht werden Operationsverstärker gezeigt, um die Wahl etwas zu erleichtern. Die NE-Typen werden von Valvo-Signetics (Philips Components) hergestellt. Ähnliche Daten haben die Operationsverstärker fast aller Hersteller. Im folgenden sind die wichtigsten Halbleiterhersteller genannt.

Gehäusecode	Firma
NS	National Semiconductor
M	Motorola
S	Signetics/Valvo – Philips Components
S	Siemens
TI	Texas Instruments
I	Intel
RCA	RCA
F	Fairchild
ITT	ITT
TFK	Telefunken

Beim Einsatz von Operationsverstärkern, für die eine Schaltung entworfen wird, muß das Datenblatt des entsprechenden OP-AMP vorliegen, um die Grenzprobleme beurteilen zu können.

Eingangsgrößen

(typischer Kurvenverlauf bei Operationsverstärkern)

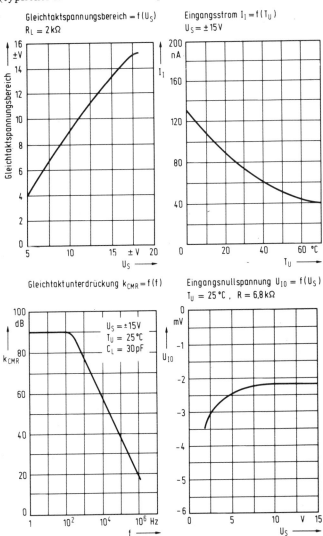

Gleichtaktspannungsbereich = f(U_S)
R_L = 2 kΩ

Eingangsstrom I_I = f(T_U)
U_S = ± 15 V

Gleichtaktunterdrückung k_CMR = f(f)

Eingangsnullspannung U_IO = f(U_S)
T_U = 25 °C , R = 6,8 kΩ

Eingangsgrößen

Eingangswiderstand $R_I = f(f)$
Eingangskapazität $C_I = f(f)$

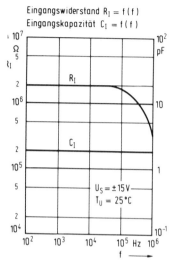

Eingangswiderstand $R_I = f(T_U)$
$U_S = \pm 15V$

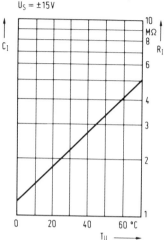

Eingangsnullstrom $I_{IO} = f(U_S)$

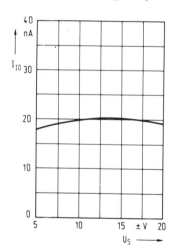

Eingangsnullstrom $I_{IO} = f(T_U)$
$U_S = \pm 15V$

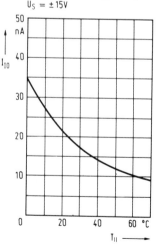

Leerlaufgrößen

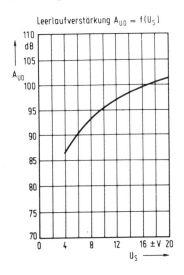

Leerlaufverstärkung $A_{U0} = f(U_S)$

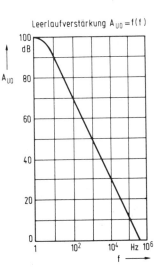

Leerlaufverstärkung $A_{U0} = f(f)$

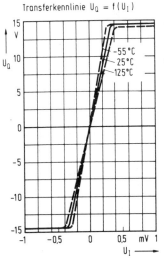

Transferkennlinie $U_Q = f(U_1)$

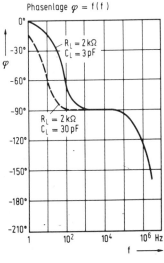

Phasenlage $\varphi = f(f)$

Leerlaufgrößen

Breitbandrauschen für verschiedene Bandbreiten bezogen auf den Eingang

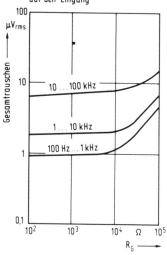

Leerlaufverstärkung $A_{U0} = f(f)$

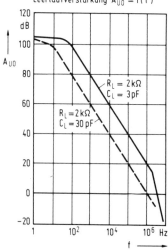

Ausgangsgrößen

Stromaufnahme $I_S = f(U_S)$

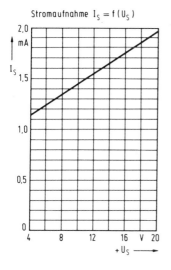

Kurzschlußstrom $I_K = f(T_U)$

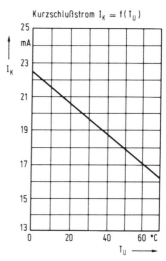

Ausgangsspannung $U_{a_{SS}} = f(R_L)$

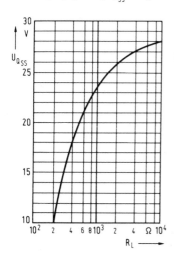

Ausgangsspannung $U_a = f(U_S)$
$R_L \approx 2\ k\Omega$

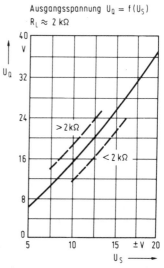

Ausgangsgrößen

Ausgangswiderstand $R_Q = f(f)$

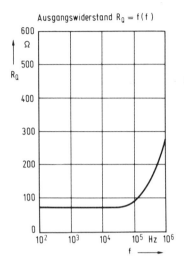

Ausgangsspannung $U_{a_{SS}} = f(f)$
$U_S = \pm 15V$, $R_L = 10k$

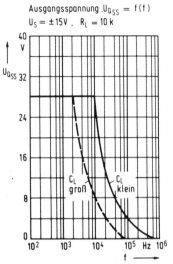

Leistungsbandbreite $U_{a_{SS}} = f(f)$

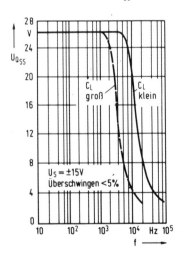

Bezeichnungen und Kurzdaten von OPs

OPERATIONAL AMPLIFIERS

DEVICE	COM-PLEXITY	TEMP. RANGE[1]	MAX. INPUT VOLTAGE[2]		MAX. INPUT CURRENT		RL = 2 K MIN A_{VOL} (V/mV)	TYP. BW $A_v = 1$ (MHz)
			OFFSET (mV)	DRIFT (µV/°C TYP.)	OFFSET (nA)	BIAS (nA)		
NE530	Single	Comm.	6	6•	40	150	50	3
SE530	Single	Mil.	4	6•	20	80	50	3
NE531	Single	Comm.	6	10•	200	1 500	20[5]	1
SE531	Single	Mil.	5	10•	20	500	50[5]	1
NE538	Single	Comm.	6	6•	40	150	50	6
SE538	Single	Mil.	4	15	20	80	50	6
µA741	Single	Mil.	5	10•	200	500	50	1
µ741C	Single	Comm.	6	12•	200	500	20	1
NE5534/A	Single	Comm.	4	5•	300	1 500	25[6]	10
SE5534/A	Single	Mil.	2	5•	200	800	50[6]	10
NE5539	Single	Comm.	5		2 000	20 000		1 200[4]
SE 5539	Single	Mil.	3		1 000	13 000		1 200[4]
LM158	Dual	Mil.	5	7•	30	150	50	1
LM258	Dual	Ind.	5	7•	30	150	50	1
LM358	Dual	Comm.	7	7•	50	250	25	1
NE532	Dual	Comm.	7	7•	50	250	25	1
SA532	Dual	Auto	7	75•	50	250	25	1
SE532	Dual	Mil.	5	7•	30	150	50	1
µA747	Dual	Mil.	5	10•	200	500	50	1
µA747C	Dual	Comm.	6	12•	200	500	25	1
MC1458	Dual	Comm.	6	12•	200	500	25	1
SA1458	Dual	Auto	6	12•	200	500	20	1
MC1558	Dual	Mil.	5	10•	200	500	50	1
NE4558	Dual	Comm.	6	4•	200	500	20	3
SA4558	Dual	Auto	6	4•	200	500	50	3
SE4558	Dual	Mil.	5	4•	200	500	50	3
NE5512	Dual	Comm.	5	5•	20	20	50	3
SE5512	Dual	Mil.	2	4•	10	10	50	3
NE5532/A	Dual	Comm.	4	5•	150	800	25	10
SE5532/A	Dual	Mil.	2	5•	100	400	50	10
NE5533	Dual	Comm.	4		300	1 500	25	10
NE5535	Dual	Comm.	6	6•	40	150	50	1
SE5535	Dual	Mil.	4	15	20	80	50	1
LM124	Quad	Mil.	5	7•	30	150	50	1
LM224	Quad	Ind.	5	7•	30	150	50	1
LM324	Quad	Comm.	7	7•	50	250	25	1
SA534	Quad	Auto	7	7•	50	250	25	1
MC3303	Quad	Auto	8	10	75	500	20	1
MC3403	Quad	Comm.	10	10	50	500	20	1
MC3503	Quad	Mil.	5	10	50	500	50	1
NE5514	Quad	Comm.	5	5•	20	20	50	3
SE5514	Quad	Mil.	2	4•	10	10	50	3

Notes:

1. Military: −55 °C to +125 °C
   Industrial: −25 °C to +85 °C
   Commercial: 0 °C to +70 °C
   Automotive: −40 °C to +85 °C
2. Specifications guaranteed at 25 °C unless otherwise indicated by the following marks:
   • Typical over full temperature range
   ▲ Guaranteed over full temperature range
   ■ Typical at 25 °C
3. Unless otherwise stated max. negative input voltage cannot exceed negative power supply voltage.
4. $A_v = 7$
5. $R = 10$ K
6. $RL = 600$ Ω
7. $A_v \geq 5$
8. $A_v \geq 3$
9. $RL = 150$ Ω
10. $A_v \geq 7$

TYP. SLEW RATE (V/µs)	MAX. DIFF. INP. VOLT[3] (V)	MIN. CMRR RATIO (dB)	MIN. PSRR (dB)	SUPPLY VOLTAGE MAX. (V)	MAX. SUPPLY CURR. (mA)	MIN. OUTPUT VOLTAGE SWING (V) RL = 2 K	INTERNAL COMPEN-SATION	INPUT NOISE VOLTAGE (nV/√Hz) fo = 1 kHz
35	±30	70	76	±18	3	±10	Yes	
35	±30	70	76	±22	3	±10	Yes	
35	±15	70	76	±21	10	±10[5]	No	
35	±15	70	76	±22	7	±10[5]	No	
60	±30	70	76	±18	3	±10	Yes[7]	
60	±30	70	76	±22	3	±10	Yes[7]	
0,5	±30	70	76	±22	2,8	±10	Yes	
0,5	±30		76	±18	2,8	±10	Yes	
13	±0,5	70	80	±22	8	±12[6]	Yes[8]	4,5
13	±0,5	80	86	±22	6,5	±12[6]	Yes[8]	4■
600		70	60	±12	33	2,3[9] −1,7	Yes[10]	4■
600		70	60	±12	31	2,5 −2	Yes[10]	4■
0,3	32	70	65	32	2	26	Yes	50
0,3	32	70	65	32	2	26	Yes	50■
0,3	32	65	65	32	2	26	Yes	50■
0,3	32	65	65	32	2	26	Yes	50■
0,3	32	65	65	32	2	26	Yes	50■
0,3	32	70	65	32	2	26	Yes	50■
0,5	±30	70	76	±22	2,8	±10	Yes	
0,5	±30	70	76	±18	2,8	±10	Yes	
0,8	±30	70	76	±18	5,6▲	±10	Yes	
0,8	±30	70	76	±18	5,6	±10	Yes	
0,8	±30	70	76	±22	5▲	±10	Yes	30■
1	±30	70	76	±18	5,6	±10	Yes	30■
1	±30	70	76	±18	5,6	±10	Yes	30■
1	±30	70	76	±22	5,6	±10	Yes	30■
1	32	70	80	±16	5	±13	Yes	30■
1	±32	70	80	±16	5	±13	Yes	30■
9	±0,5	70	80	±22	16	±12[6]	Yes	6
9	±0,5	80	86	±22	13	±12[6]	Yes	5■
13	±0,5	70	80	±22	16	±12[6]	Yes[8]	4,5▲
15	±30	70	76	±18	5,6	±10	Yes	50■
15	±30	70	76	±22	5,6	±10	Yes	
0,3	32	70	65	32	3	26	Yes	50■
0,3	32	70	65	32	3	26	Yes	50■
0,3	32	65	65	32	3	26	Yes	50■
0,3	32	65	65	32	3	26	Yes	50■
0,6	±36	70	76	±18	7	±10	Yes	
0,6	±36	70	76	±18	7	±10	Yes	
0,6	±36	70	76	±18	4	±10	Yes	
1	32	70	80	±16	10	±13	Yes	30■
1	32	70	80	±16	10	±13	Yes	30■

COMPARATORS

DEVICE	COM-PLEXITY	TEMP. RANGE*	MAX. INP. OFFSET VOLT (mV)	MAX. INP. CURRENT BIAS (µA)	OFFSET (µA)	SUPPLY VOLTAGE (V)	RESPONSE TIME (Typ.) (ns)	COMMON MODE VOLTAGE RANGE (V)	OUTPUT VOLTAGE V_{OL} Max. (V)	V_{OH} Min. (V)	OUTPUT STRUCTURE	VOLTAGE GAIN (Typ.) V/mV	TTL FANOUT	MAX. DIFF. INPUT VOLTAGE (V)
LM111[1]	Single	M	4.00	0.15	0.02	±15 to +5 and GND	200	±14	0.4		O.C.	200	5	±30
LM211	Single	I	4.00	0.15	0.02	±15 to +5 and GND	200	±14	0.4		O.C.	200	5	±30
LM311	Single	C	10.0	0.30	0.07	±15 to +5 and GND	200	±14	0.4		O.C.	200	5	±30
NE527[2]	Single	C	10.0	4.00	1.0	±5 to ±10 and GND	16	±5	0.5	2.7	TTL		5	±5
SE527	Single	M	6.00	4.00	1.00	±5 to ±10 and GND	16	±5	0.5	2.5	TTL		5	±5
NE529[5]	Single	C	10.0	50.0	15.0	±5 to ±10 and GND	12	±5	0.5	2.7	TTL		5	±5
SE529	Single	M	6.00	36.0	9.00	±5 to ±10 and GND	12	±5	0.5	2.5	TTL		5	±5
LM119[3]	Dual	M	7.00	1.00	0.10	±15 to ±5 and GND	80	±13	0.4		O.C.	40	2	±5
LM219	Dual	I	7.00	1.00	0.10	±15 to ±5 and GND	80	±13	0.4		O.C.	40	2	±5
LM319	Dual	C	10.0	1.20	0.30	±15 to ±5 and GND	80	±13	0.4		O.C.	40	2	±5
LM193[3]	Dual	M	9.00	0.30	0.10	±1 to ±18 or +2 to +36 GND	1300	0 to V_S − 2	0.7		O.C.	200	2	36
LM293	Dual	C	9.00	0.40	0.15	+2 to +36 GND	1300	0 to V_S − 2	0.7		O.C.	200	2	36
LM393	Dual	I	9.00	0.40	0.15	+2 to +36 GND	1300	0 to V_S − 2	0.7		O.C.	200	2	36
LM2903	Dual	I	15.0	0.50	0.20	+2 to +36 GND	1300	0 to V_S − 2	0.7		O.C.	100	2	36
SE/NE521[4]	Dual	M/C	15/10.0	40.0	12.0	+5, −5, GND	8	±3	0.5		TTL		12	±6
SE/NE522	Dual	M/C	15/10.0	40.0	12.0	+5, −5, GND	10	±3	0.5	2.7	TTL		12	±6
LM139[3]	Quad	M	9.00	0.30	0.10	±1 to ±18 or +2 to +36 GND	1300	0 to V_S − 2	0.7		O.C.	200	2	36
LM239	Quad	I	9.00	0.40	0.15	±1 to ±18 or +2 to +36	1300	0 to V_S − 2	0.7		O.C.	200	2	36
LM339	Quad	C	9.00	0.40	0.15	+2 to +36	1300	0 to V_S − 2	0.7		O.C.	200	2	36
LM2901	Quad	I	15.0	0.50	0.20	+2 to +36 GND	1300	0 to V_S − 2	0.7		O.C.	100	2	36
MC3302[3]	Quad	I	40.0	1.00	0.30	+2 to +28 GND	2000	0 to V_S − 2	0.7		O.C.	100	2	28

Notes:
1. With strobe, will work from single supply.
2. Complementary output gates with individual strobes.
3. Will operate from single or dual supplies.
4. Ultra-high speed

*Temperature Range
I = Industrial
C = Commercial
M = Military

Die vorliegenden Unterlagen sind u. a. aus Datenbüchern der Firmen Valvo und Siemens entnommen. Sie stellen als Übersicht wichtige Vergleichsmöglichkeiten für den Einsatz des OP dar. Im Anschluß sind als Beispiel die Daten und Parameter des universellen OP Typ 741 und des FET-OP LF 355/356/357 dargestellt. Eine Zusammenfassung wichtiger OP-Ausdrücke folgt am Schluß.

Einzeldaten wichtiger Operationsverstärker

		709 / TAA 521 / μA 709	TAA 762/765 (TAA 761)	TAA 762/865 (TAA 861)	TAA 2762 / TAA 2761/2765	TAA 4765A / TAA 4761A	741 / TBA 221 / μA 741	747 / TBB 0747 / μA 747
Internat (Zahlenfolge) / SIEMENS / VALVO								
Speisespannung (max. Werte)	±V	10...18	1,5...18	1,5...10	2...15	2...15	4...18	4...18
Ruhestrom	mA	2,6 (2)	1,5	1,0	0,5	1	1,7	1,7
Kurzschlußstrom (max. Wert)	+mA	10	70 (5)(6)	70 (5)	70 (5)	70 (5)	20	18
Ausgangsspannung ($R_L = 2\ k\Omega$)	±V	13	14	9	14	14	14	13
Eingangsspannung-Gleichtaktbereich	±V	10	14	9	13,5	13,5	13	13
Eingangswiderstand ($Z \approx$ bei 1 kHz)	MΩ	0,25	0,2	0,2	0,2	0,2	0,3...2	0,3...2
Ausgangswiderstand	Ω	150	(8)	(8)	(8)	(8)		
Spannungsverstärkung ($R_L = 2\ k\Omega$ 31)	dB	93	85 (7)	80	85	85	86...100	86...100
Eingangsfehlspannung	±mV	2	6	10	6	6	6 (14)	6
Eingangsfehlstrom	±nA	100	80	80	80	80	20	20
Betriebsspannungsunterdrückung	μV/V	25...200	25...200	25...200	25...100	25...100	30...150	30...150
Gleichtaktunterdrückung	dB	90	79	74	79	79	90	90
Anstiegsgeschwindigkeit	V/μs	0,3	9/18 (11)	9/18 (11)	0,5	0,5	0,5	0,5
Bemerkung		(1)(3)(4)	(9)(10)	(10)(9)	(12)(9)	(13)(9)	(5)(9)	(12)(15)(16)

		748 / TBB 0748	TBB 1331A	TBB 2331/2332	TBB 4331A / TBE/4335A	TCA 311 / TCA 312	TCA 321	TCA 331	TCA 365
Internat (Zahlenfolge) / SIEMENS / VALVO									
Speisespannung (max. Werte)	±V	4...18	2...17	2...15	2...15	2...15	2...15	2...15	4...18
Ruhestrom	mA	1,7	1,5	0,5...1,5	1...3	1,5...2,5	1,5...2,5	1,5...2,5	20...40
Kurzschlußstrom (max. Wert)	+mA	18	10	70	70	70	70	70	3000
Ausgangsspannung ($R_L = 2\ k\Omega$)	±V	13	14,8	14	14	14	10 (21)	10 (21)	13
Eingangsspannung-Gleichtaktbereich	±V	13	13	13,5	13,5	13	13	13	13
Eingangswiderstand ($Z \approx$ bei 1 kHz)	MΩ	0,3...2	3 (17)	3 (17)	3 (17)	3 (17)	0,2	3 (17)	1...5
Ausgangswiderstand	Ω	75	(18)	(8)	(8)	(20)	(20)	(9)	(24)
Spannungsverstärkung ($R_L = 2\ k\Omega$ 31)	dB	83	68	80	80	80	80	80	80 (24)
Eingangsfehlspannung	±mV	7,5	20	15	15	15	7,5	15	10
Eingangsfehlstrom	±nA	20	10	10	10	10	80	10	100
Betriebsspannungsunterdrückung	μV/V	30...150	100...400	25...100	25...100	25...200	25...200	25...200	80 (25)
Gleichtaktunterdrückung	dB	90	74	79	79	74	74	74	83
Anstiegsgeschwindigkeit	V/μs	5,5	4,5/9 11	0,5	0,5	30	50	9/18 (11)	5/5,5 (11)
Bemerkung		(38)	(5)(18)(9)	(12)(5)(9)	(13)(5)(9)	(14)(5)(9)	(19)(5)(9)	(5)(9)	(22)

102

Internat (Zahlenfolge) SIEMENS VALVO		355 LF 355	356 LF 356	357 LF 357	LM 324/534	MC 1458/1558	NE 530	NE 531	NE 532/LM 358	NE 538	NE 4558	NE 5532
Speisespannung (max. Werte)	± V	5 ...18	5 ...10	5 ...18	...16	...18	...18	...22	...16	...18	...18	...22
Ruhestrom	mA	2 ...4	5 ...10	5 ...10	1,5 ...3	2,3 ...5,6	2 ...3	...10	1 ...2	2 ...3	2 ...3	8 ...16
Kurzschlußstrom (max. Wert)	± mA	15	15	15	20	25	25	15	40	25	25	38
Ausgangsspannung (R_L = 2 kΩ)	± V	12	12	12	13	13	13	15	14	13	13*	13 (32)
Eingangsspannung-Gleichtaktbereich	± V	12	12	12	13	13	13	15	14,5	13	13	13
Eingangswiderstand (Z ≈ bei 1 kHz)	MΩ	10^6	10^6	10^6		2	6	20		...6	...1	...0,3
Ausgangswiderstand	Ω							75		100		
Spannungsverstärkung (R_L = 2 kΩ 31))	dB	80 ...100	80 ...100	80 ...100	100 ...120		100	60	120	120	110	100
Eingangsfehlstrom	± mV	3 ...10	3 ...10	3 ...10	2 ...7	2 ...6	2 ...6	2 ...6	2 ...7	2 ...6	2 ...6	0,5 ...4
Eingangsfehlstrom	± nA	3 ...50 (26)	3 ...50 (26)	3 ...50 (28)	5 ...50	20 ...200	15 ...40	50 ...200	5 ...50	15 ...40	30 ...200	10 ...150
Betriebsspannungsunterdrückung	µV/V	80 ...100	80 ...100	80 ...100	65 ...100	30 ...150	30 ...150	10 ...150	65 ...100 25	30 ...150	10 ...150	10 ...100
Gleichtaktunterdrückung	dB	80 ...100	80 ...100	80 ...100	65 ...70	70 ...90	70 ...90	70 ...100	65 ...70	70 ...90	70 ...100	70 ...100
Anstiegsgeschwindigkeit	V/µs	5 (27)	12 (27)	50 (28)	0,3	0,8	20 ...35	35	0,3	60	1	9
Bemerkung		(29)	(29)	(29)	(13)	(12)(38)	(30)	(30)	(12)		(12)	(12)(38)

Internat (Zahlenfolge) SIEMENS VALVO		NE 5535	NE 5539	LM 124/224	LM 211
Speisespannung (max. Werte)	± V	...18	...12	3 ...30	36
Ruhestrom	mA	1,8 ...2,8	14/11 34	0,7 ...3	5
Kurzschlußstrom (max. Wert)	± mA	25	+3; -2 (35)	20/40 (39)	
Ausgangsspannung (R_L = 2 kΩ)	± V	13		26	
Eingangsspannung-Gleichtaktbereich	± V	13		30	
Eingangswiderstand (Z ≈ bei 1 kHz)	MΩ	...6	0,1		
Ausgangswiderstand	Ω	100	10		200 (41)
Spannungsverstärkung (R_L = 2 kΩ 31))	dB	110	52	120	
Eingangsfehlstrom	± mV	2 ...6	2,5 ...5	2	0,7
Eingangsfehlstrom	± nA	15 ...40	2 (33)	3 ...30	10
Betriebsspannungsunterdrückung	µV/V	30 ...50	200 ...1000	85	
Gleichtaktunterdrückung	dB	70 ...90	70 ...80		
Anstiegsgeschwindigkeit	V/µs	15	600	0,3	
Bemerkung		(12)	(33)	(17)	(40)

Fußnoten zum Tabellenteil

1 maximale Kurzschlußdauer 5 s

2 Leerlaufleistung ca. 100 mW

3 Kompensation erforderlich

4 Universaltyp – auslaufend

5 offener Kollektorausgang (R_L erforderlich)

6 ab hier Daten für $U_B = \pm 15$ V

7 $R_L = 2$ kΩ; $V_u = 43$ dB bei $R_L = 2$ kΩ und $f_o = 100$ kHz

8 extern ca. 220 Ω…10 kΩ; bei I_{max} 70 mA

9 je nach R_L unterschiedliches Frequenzverhalten

10 Kompensation möglich

11 kleiner Wert für nichtinvertierenden Betrieb

12 Doppel-Operationsverstärker

13 Vierfachoperationsverstärker

14 extern kompensierbar

15 ein Einzelsystem entspricht dem 741

16 externe Kompensation nur bei TBB 0747A möglich

17 Darlingtoneingang

18 Meß- und Arbeitsdaten mit $R_L = 18$ kΩ

19 TTL-kompatibel; $U_B = 5$ V

20 Treiber- und Lastwiderstand erforderlich ($R \approx 20 \cdot R_L$)

21 $f = 100$ kHz

22 Leistungsoperationsverstärker

23 $R_L = 470$ Ω; $f = 100$ kHz; $V_u = 30$ dB

24 $R_L = 8,2$ Ω; $f = 100$ kHz

25 Wert in [dB]

26 Wert in [pA]

27 $V_u = 1$

28 $V_u = 5$

29 FET-Eingang

30 Pinkompatibel mit 741-Typen

31 nur für offenen Kollektorausgang

32 $R_L \triangleq 600$ Ω

33 Wert in μA

34 erster Wert Strom ($\pm U_B$); zweiter Wert Strom ($-U_B$); OP hat Masseanschluß für duale Spannungsversorgung

35 angegebene Daten für $U_B = \pm 8$ V; NE 5539 weitgehend identisch mit TDA 1078

36 nur positive Versorgungsspannung; Pin 4 an Masse

37 R_L = 5 kΩ und C = 0 ergibt 25 V/µs; R_L = 5 kΩ und C = 100 pF ergibt 0,5 V/µs
38 High performance
39 erster Wert nach Masse (maximale Werte)
40 Komparator
41 V/mV

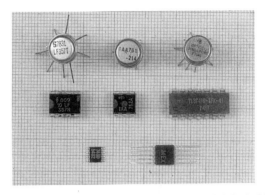

Typische Gehäusebauformen von Einfach- und Mehrfach-OPs

Die wichtigsten Anschlußbilder

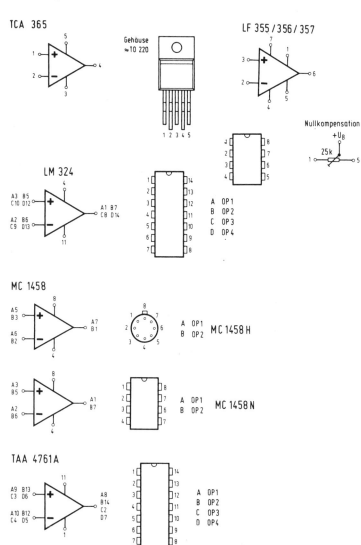

TCA 365

LF 355 / 356 / 357

Gehäuse ≈ TO 220

1 2 3 4 5

Nullkompensation

LM 324

A OP 1
B OP 2
C OP 3
D OP 4

MC 1458

A OP 1
B OP 2   MC 1458 H

A OP 1
B OP 2   MC 1458 N

TAA 4761A

A OP 1
B OP 2
C OP 3
D OP 4

106

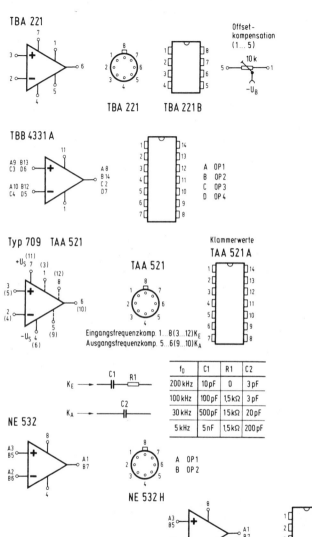

TBA 221

Offset-
kompensation
(1...5)

10 k

TBA 221   TBA 221 B

TBB 4331 A

A   OP 1
B   OP 2
C   OP 3
D   OP 4

Typ 709   TAA 521

Klammerwerte
TAA 521 A

TAA 521

Eingangsfrequenzkomp. 1...8(3...12)K_E
Ausgangsfrequenzkomp. 5...6(9...10)K_A

K_E → C1 R1

K_A → C2

f_0	C1	R1	C2
200 kHz	10 pF	0	3 pF
100 kHz	100 pF	1,5 kΩ	3 pF
30 kHz	500 pF	15 kΩ	20 pF
5 kHz	5 nF	1,5 kΩ	200 pF

NE 532

A   OP 1
B   OP 2

NE 532 H

A   OP 1
B   OP 2

NE 532 N

NE 4558
NE 5532

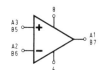

TBB 1331 A

Frequenz-
kompensation

20 pF

TBB 0748

Offsetkompensation

5,1 M

5,1 M

Frequenzkompensation

30 pF

TAA 761/ TAA 861

TAA 861

TAA 861A
(Klammerwerte)

ca. 20 pF

NE 5535

NE 5535 H

A   OP 1
B   OP 2

NE 5535 N

A   OP 1
B   OP 2

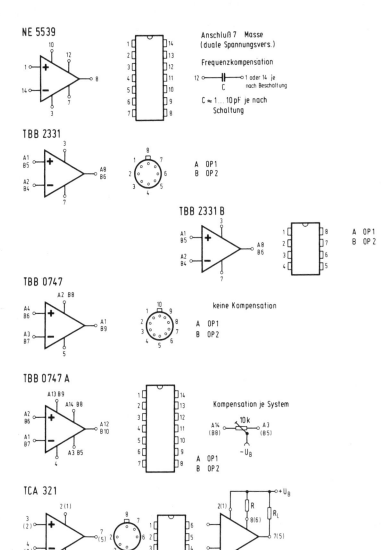

NE 5539

Anschluß 7 Masse
(duale Spannungsvers.)

Frequenzkompensation

$C \approx 1 \dots 10\,pF$ je nach
Schaltung

12 ○——||——○ 1 oder 14 je
nach Beschaltung

TBB 2331

A OP1
B OP2

TBB 2331 B

A OP1
B OP2

TBB 0747

keine Kompensation

A OP1
B OP2

TBB 0747 A

Kompensation je System

A OP1
B OP2

TCA 321

TCA 321   TCA 321A
(Klammerwerte)

$R \approx 20 \times R_L$

109

TCA 331

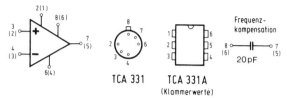

TCA 331   TCA 331A
(Klammerwerte)

Frequenz-
kompensation

TCA 311

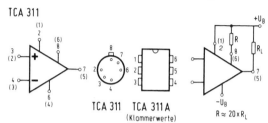

TCA 311   TCA 311A
(Klammerwerte)

$R \approx 20 \times R_L$

TAA 2761

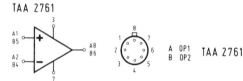

A OP1
B OP2   TAA 2761

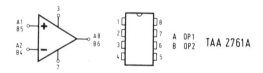

A OP1
B OP2   TAA 2761A

NE 530 / 531 / 538

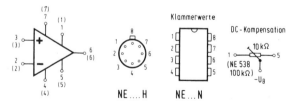

Klammerwerte

NE....H   NE...N

DC-Kompensation

3 Anwendungen des OP-AMP in Sonderschaltungen

3.1 Komparator ohne Gegenkopplung

Das Prinzip einer Komparatorschaltung ist in der *Abb. 3.1-1* gezeigt. Hier wird der OP mit zwei Betriebsspannungen

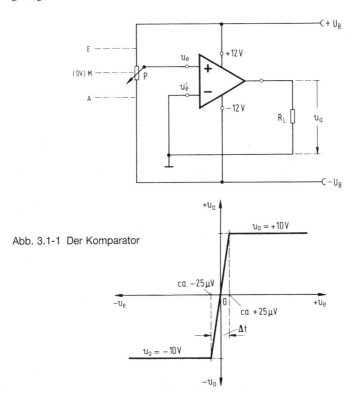

Abb. 3.1-1 Der Komparator

$U_B = \pm 12$ V betrieben. Der invertierende Eingang liegt auf Masse. Das Potentiometer P wird sowohl am Anfang A mit der Spannung $-U_B$ als auch am Ende E mit der Spannung $+U_B$ beaufschlagt. Damit hat die Mitte des Potentiometers M das Massepotential Null. Daraus geht hervor, daß der Schleifer S des Potentiometers sowohl eine positive als auch eine negative Spannung als u_e auf den nichtinvertierenden Eingang führen kann. Wird davon ausgegangen, daß der OP keine Offsetspannung hat, so ist bei $u_o = 0$ V die Ausgangsspannung in Abb. 3.1-1 ebenfalls Null. Bereits bei sehr kleinen Änderungen von u_e – im Beispiel bei 25 µV – schaltet der OP durch. Es tritt ein Vergleich von u_e mit dem Potential von $u_e' = 0$ auf. Ist $u_e > u_e'$, so wird die Ausgangsspannung ebenfalls positiv. Ist $u_e < u_e'$, so ist die Ausgangsspannung negativ. Die Durchschaltzeit Δt in Abb. 3.1-1 ist endlich und wird von der Slew rate des betreffenden OP bestimmt. Ist diese z. B. 0,5 V/$_{µs}$ – Typ 741 –, so ist die Zeit des Durchsteuerns

$$\Delta t > \frac{20\ \text{V} \cdot \text{µs}}{0,5\ \text{V}} = 40\ \text{µs}.$$

Zu der Zeit von 40 µs ist noch nach Abschnitt 1.8.1 die Erholzeit aus dem Sättigungsbetrieb hinzuzurechnen. Werden schnellere Durchschaltzeiten verlangt, so ist das nur mit OPs höherer Slew rate möglich; z. B. NE 538 mit 60 V/$_{µs}$ oder NE 531 mit 35 V/$_{µs}$.

In der Abb. 3.1-1 war das Vergleichspotential u_e' Null. Dieses Potential kann nun nach *Abb. 3.1-2a* auf ein negatives Potential

$$-U_E' = \frac{-U_B \cdot R_2}{R_1 + R_2}$$

verschoben werden. In diesem Fall wird die Eingangsspannung u_e mit dem negativen Potential U_E' gleich u_e'. In der Praxis wird parallel zu R_2 noch ein Kondensator (0,47 µF) parallel geschaltet. Für hochstabile Komparatoren wird eine Zenerdiode als Potentialquelle U_E' benutzt. In der *Abb. 3.1-2b* ist das Vergleichspo-

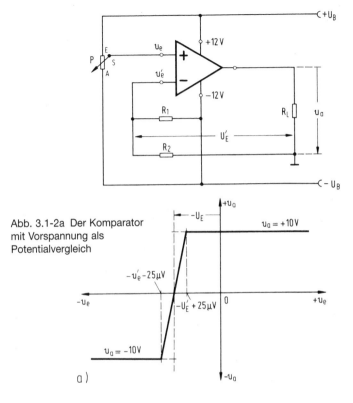

Abb. 3.1-2a Der Komparator mit Vorspannung als Potentialvergleich

a)

tential über R_1 und R_2 positiv vorgespannt. Es ist hier

$$U'_E = \frac{U_B \cdot R_2}{R_1 + R_2}.$$

In den vorangegangenen Beispielen wurde der Komparator mit zwei Betriebsspannungen versorgt. In der *Abb. 3.1-3* wird nur eine Betriebsspannung $+U_B$ benutzt. Hier muß der Eingang E' grundsätzlich vorgespannt werden. In dem Beispiel ist $R_1 = R_2$ gewählt. Damit liegt sowohl das Vergleichspotential als auch die Ausgangsspannung bei $u_e = u'_e$ auf +6 V. Das Potential u'_e kann

113

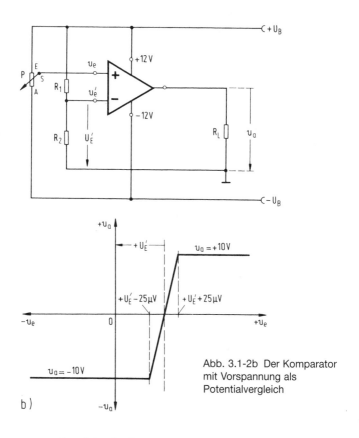

Abb. 3.1-2b Der Komparator
mit Vorspannung als
Potentialvergleich

b)

entsprechend der Sättigungsgrenze von $2\,V < u_e' < 10\,V$ gewählt werden.

Komparator mit Gegenkopplung

In Sonderfällen wird der Komparator mit Gegenkopplung beschaltet. Das ist dann der Fall, wenn mit Störspannungen am Eingang gerechnet wird oder wenn der Eingangsschaltbereich des Komparators vergrößert werden soll. Das ist im Prinzip in *Abb.*

114

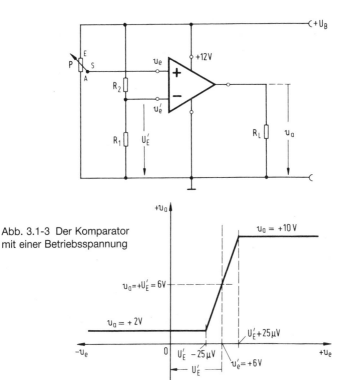

Abb. 3.1-3 Der Komparator
mit einer Betriebsspannung

3.1-4 dargestellt. Stellvertretend für die Abb. 3.1-2a und b sowie
3.1-3 ist in der *Abb. 3.1-5* eine Schaltung mit Gegenkopplung
gezeigt. Wird also zunächst der Widerstand $R_3 = \infty$ nicht eingeschaltet, so gilt das danebenstehende Aussteuerdiagramm. Soll
die Begrenzung bei $u_a = 10$ V beginnen, so ist mit einer Eingangsspannung von $u_e = 0,5$ V die Verstärkung:

$$V_u = \frac{10 \text{ V}}{0,5 \text{ V}} = 20.$$

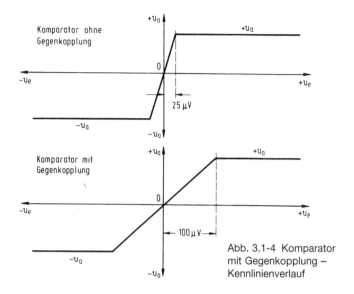

Abb. 3.1-4 Komparator
mit Gegenkopplung –
Kennlinienverlauf

Die Wahl von R_1 und R_2 steht frei. Wird $R_1 = 100$ kΩ gewählt, so ist mit

$$V_u = \frac{R_1}{R_2} + 1 \text{ der Widerstand } R_2 \text{ dann:}$$

$$R_2 = \frac{R_1}{V_u - 1} = \frac{100 \text{ k}\Omega}{20 - 1} = 5{,}26 \text{ k}\Omega.$$

Wird der Widerstand R_3 jetzt eingeschaltet und soll nach Abb. 3.1-5 das Vergleichspotential $u_e' = -2$ V betragen, so ist zunächst mit $R_2 \approx 5{,}3$ kΩ (siehe vorheriges Ergebnis) der Widerstand R_3 mit

$$u_e' = \frac{U_B \cdot R_3}{R_2 + R_3} \text{ daraus hergeleitet}$$

$$R_3 = \frac{R_2 \cdot u_e'}{U_B - u_e'} = \frac{5{,}3 \text{ k}\Omega \cdot 2 \text{ V}}{12 \text{ V} - 2 \text{ V}} = 1{,}1 \text{ k}\Omega.$$

116

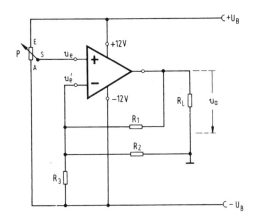

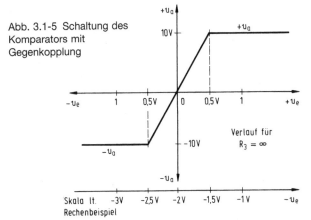

Abb. 3.1-5 Schaltung des Komparators mit Gegenkopplung

Für die Forderung $V_u = 20$ ist der Widerstand R_1 jetzt neu zu ermitteln. Als wirksamer Widerstand R_2' gilt jetzt die Parallelschaltung von R_2 und R_1. Damit ist

$$R_2' = \frac{R_2 \cdot R_3}{R_2 + R_3} = \frac{5{,}3 \text{ k}\Omega \cdot 1{,}1 \text{ k}\Omega}{5{,}3 \text{ k}\Omega + 1{,}1 \text{ k}\Omega} = 911 \ \Omega.$$

Mit der Gleichung $V_u = \dfrac{R_1}{R_2'} + 1$ ist jetzt

$R_1 = (V_u - 1) \cdot R_2' = (20 - 1) \cdot 911\,\Omega = 17{,}3\,k\Omega.$

In dem Diagramm der Abb. 3.1-5 ist dafür die u_e-Skalierung von -1 V...-3 V vorgesehen; wobei bei $-1{,}5$ V die Spannung $u_a = +10$ V und bei $-2{,}5$ V die Spannung $u_a = -10$ V beträgt.

3.2 Fensterkomparator

Fensterkomparator mit einem OP

Mit einem OP kann ein Fensterkomparator nach *Abb. 3.2-1* aufgebaut werden. Der Fensterdiskriminator hat zwei Umschaltpunkte. Einmal bei der niedrigeren Spannung als US (unterer Schaltpunkt) und zum anderen bei der höheren Spannung als OS (oberer Schaltpunkt) bezeichnet. Die Eingangsspannung U_E schaltet jeweils um ca. 0,6 V versetzt – bedingt durch die jeweils leitende Diode D 1 oder D 2. Bei $U_E = 0$ ist zunächst D 1 leitend und damit $u_e \approx -0{,}6$ V. Wird die Spannung U_E jetzt positiver, so erreicht die Spannung u_e den Wert von u_e', schaltet also bei $U_E = 0{,}6$ V $+$ 0,75 V um. Im umgekehrten Fall bei negativen Werten von U_E wird die Spannung u_e' negativer, bis sie den Wert von $u_E - 0{,}6$ V $= u_e$ erreicht und der OP bei US umschaltet. Die Werte der Spannungsteiler bestimmen die Fensterbreite. Das Fenster kann sowohl nur im positiven oder nur im negativen Bereich liegen – oder, wie hier gezeigt, um 0 V $= U_E$. Die Umschaltung erfolgt ohne Gegenkopplung sehr schnell. Ein Gegenkoppelnetzwerk ist bedingt möglich, wenn vor dem Eingang U_E ein Widerstand (1 kΩ) geschaltet wird und an dem Diodenpunkt E der Gegenkoppelwiderstand zum Ausgang geführt wird. Zu beachten ist, daß bei einem Fensterdiskriminator die Spannung für den US-Punkt dem nichtinvertierenden

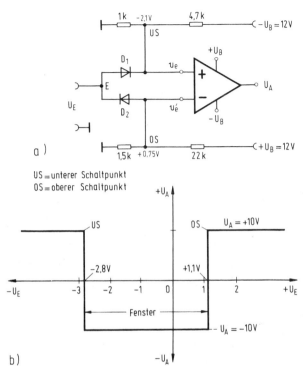

Abb. 3.2-1 Der Fensterkomparator

Eingang und die des OS-Punktes dem invertierenden Eingang zugeführt wird.

Fensterkomparator mit zwei OPs

Die Schaltung ist in der *Abb. 3.2-2a* gezeigt. Die *Abb. 3.2-2b* gibt das Schaltdiagramm wieder. Die *Abb. 3.2-2c* erweitert die Schaltung mit einer zusätzlichen Transistorschaltung für eine Phasendrehung des Fenstersignales. Die Umschaltpunkte sind hier im Beispiel mit US = −2,1 V sowie OS = +0,75 V gewählt. Die

119

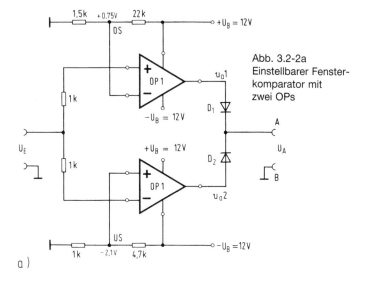

Abb. 3.2-2a
Einstellbarer Fenster-
komparator mit
zwei OPs

a)

Spannung U_E schaltet den OP 1 um, wenn $U_E > U_{OS} = 0,75$ V ist. Von dem Wert $u_E > U_{US} = -2,1$ V wird der OP 2 im unteren Punkt US umgeschaltet. Die Dioden D 1 und D 2 entkoppeln die beiden Ausgänge. Sie können entfallen bei Verwendung von OPs mit offenem Kollektorausgang.

Ein einfacher Transistorschalter dreht das Fenstersignal um 180° in der Abb. c. Derartige Schaltungen können benutzt werden, um Betriebsspannungsbereiche zu kontrollieren. In der Kfz-Technik kann der Ladezustand von 12 V (US)...14,5 V (OS) als Sollwert vorgegeben werden. Bei kleineren oder größeren Spannungen wird dieses durch den Fensterdiskriminator signalisiert.

Es soll hier hinzugefügt werden, daß es Fensterdiskriminatoren als komplette ICs gibt, die einen komfortablen Einsatz gewährleisten (z. B. Siemens TCA 965).

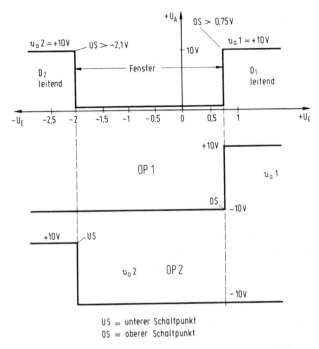

US = unterer Schaltpunkt
OS = oberer Schaltpunkt

Abb. 3.2-2b Einstellbarer Fensterkomparator mit zwei OPs

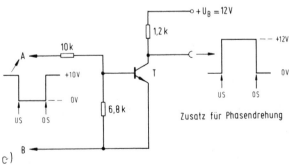

Abb. 3.2-2c Einstellbarer Fensterkomparator mit zwei OPs

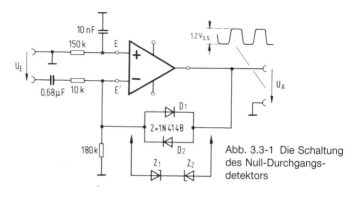

Abb. 3.3-1 Die Schaltung des Null-Durchgangs-detektors

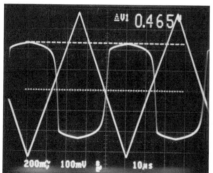

Abb. 3.3-2 Das Oszillogramm der Eingangs- und Ausgangs-spannung des Null-Duchgangsdetektors

3.3 Nulldurchgangs-Detektor

Der Nulldurchgangs-Detektor in *Abb. 3.3-1* ist ein Komparator, dessen positive und negative Ausgangsamplitude durch die Durchlaßspannung der Dioden D 1 und D 2 begrenzt werden. Die Begrenzung setzt durch die starke Gegenkopplung im leitenden Zustand der Dioden ein, wobei dann je nach Diodenstrom r_d $\approx 10\ \Omega...1\ k\Omega$ groß ist. In dem Oszillogramm *Abb. 3.3-2* wird mit einem Dreiecksignal als Steuersignal von 700 mV_{ss} eine Aus-

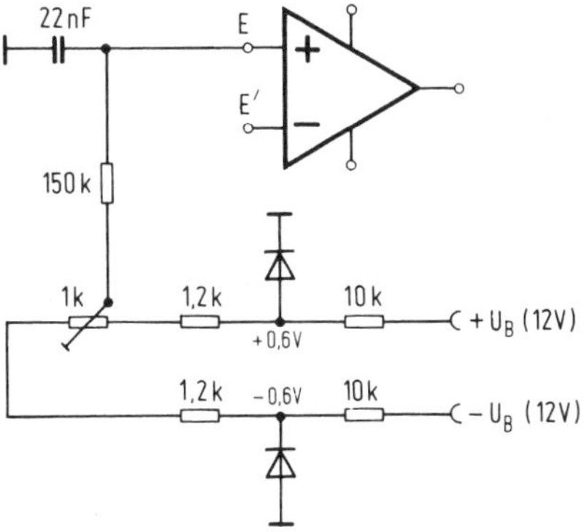

22 nF

E

E'

+

−

Abb. 3.3-3 Schaltung
zur Einstellung der
Offsetspannung

150 k

1 k 1,2 k +0,6 V 10 k ⟶ + U_B (12V)

1,2 k −0,6 V 10 k ⟶ − U_B (12V)

gangsspannung von ±0,46 V erhalten. Die Nullinie ist offsetab-
hängig. Sie kann im Bedarfsfall in das negative oder positive
Aussteuergebiet gelegt werden. Dazu wird in der Praxis der E-
Eingang nach *Abb. 3.3-3* mit einer regelbaren Eingangsspannung
versehen, deren Potentialbereich entsprechend der hohen Ver-
stärkung V_o eingeengt ist. Die Ausgangsspannung kann durch
Serienschaltung weiterer Dioden erhöht werden. Das ist in der
Abb. 3.3-1 mit angedeutet. Es ist jeweils eine Zenerdiode im
Durchlaßgebiet und die zweite entsprechend ihrer Zenerspan-
nung im Sperrgebiet. Zwei gleiche 5,1-V-Zenerdioden liefern
somit eine um die Nullinie begrenzte Ausgangsspannung von
$u_a = ±5,7$ V aus $U_Z + U_D = 5,1$ V + 0,6 V = 5,7 V. Die
Anstiegsflanken in dem Oszillogramm Abb. 3.3-2 sind durch die
Slew rate des OP – hier Typ 741 – gegeben. Soll ein schnelleres
Umschalten erfolgen, so ist ein OP mit höherer Slew rate einzu-
setzen.

3.4 OP als hochwertiger Meß-Differenzverstärker

Differenzverstärker nach *Abb. 3.4-1* werden in der Elektronik
eingesetzt, wenn es darum geht, extrem kleine Signale oder

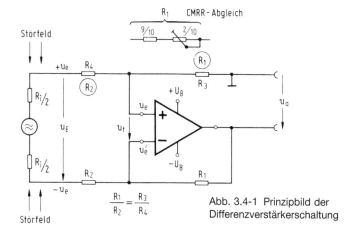

Abb. 3.4-1 Prinzipbild der Differenzverstärkerschaltung

$$\frac{R_1}{R_2} = \frac{R_3}{R_4}$$

Ströme (μV- und nA-Bereich) zu verstärken. In diesen Bereichen tritt das elektrische Störfeld der Umgebung als Störspannung stark in Erscheinung und verfälscht oft das Meßergebnis erheblich. Ein Differenzverstärker erhält in den meisten Fällen eine Signalquelle, die galvanisch nicht mit Massepotential verbunden ist und somit an beiden Anschlüssen eine gleich große (Gleichtakt-)Störspannung aufweist. Bei richtig abgeglichenen Differenzverstärkern werden Gleichtaktunterdrückungen $\geqq 120$ dB erreicht. Derartige Verstärker werden z. B. in der Medizin, der Meßtechnik als hochempfindliche Brückenverstärker (Anzeigeverstärker von Dehnungsmeßstreifen) eingesetzt.

Nach Abb. 3.4-1 ist die Ausgangsspannung

$$u_a = V_u \cdot u_f = V_u \cdot (u_e - u_e').$$

Wird die invertierende Seite allein angesteuert, so ist

$$u_a = - u_E \cdot \frac{R_1}{R_2};$$

wenn R_4 linksseitig auf Masse bezogen wird.

Für den nichtinvertierenden Eingang ist mit R_2 linksseitig auf Masse bezogen

$$u_a = u_e \left(1 + \frac{R_1}{R_2} \right).$$

Aus dem Spannungsteiler R_3 und R_4 ist

$$u_e = u_E \cdot \frac{R_3}{R_3 + R_4}.$$

Wird nun, wie aus Abb. 3.4-1 hervorgeht, $R_3 = R_1$ und $R_4 = R_2$ gesetzt – das ist bei derartigen Verstärkern eine unabdingbare Forderung, um den CMRR-Wert so gering wie möglich zu halten –, so wird die vorherige Gleichung:

$$V_u = \frac{u_a}{u_E} = \frac{R_1}{R_1 + R_2} \cdot \left(1 + \frac{R_1}{R_2} \right).$$

Daraus wird schließlich erhalten mit

$$V_u = \frac{u_a}{u_E} = \frac{R_1}{R_2}$$

$$V_u = \frac{R_2 \cdot R_1 + R_1^2}{R_2 \cdot (R_1 + R_2)} = \frac{R_1}{R_2} \cdot \frac{(R_1 + R_2)}{(R_1 + R_2)}$$

Ist die Bedingung $R_1 = R_3$ und $R_2 = R_4$ nicht erfüllt, so ist die allgemeine Form für die Ausgangsspannung, wenn die in Abb. 3.4-1 angegebenen Spannungen $+u_E$ und $-u_E$ auf Masse bezogen sind:

$$U_a = \frac{R_1}{R_2} \cdot (-u_E) + \left(\frac{R_1 + R_2}{R_2} \right) \cdot \left(\frac{R_3}{R_3 + R_4} \right) \cdot (+u_E)$$

oder

$$V_u = \frac{u_a}{u_E} = \left(\frac{R_1 + R_2}{R_2} \right) \cdot \left(\frac{R_3}{R_3 + R_4} \right) - \frac{R_1}{R_2}.$$

Für beide Ausgänge gilt die Summe der verstärkten Signale nach Abb. 3.4-1, wobei die angedeuteten Einzelspannungen $+u_E$ und $-u_E$ auf Masse bezogen gelten, also nicht identisch sind, was durch das Pluszeichen unterschieden ist, wie folgt mit $u_E = (+u_E -u_E)$

$$u_a = \underbrace{-u_E \cdot \frac{R_1}{R_2}}_{\substack{\text{invertierender} \\ \text{Eingang}}} \quad \underbrace{+u_E \cdot \frac{R_1}{R_2}}_{\substack{\text{nichtinvertierender} \\ \text{Eingang}}} = (+u_E -u_E) \cdot \frac{R_1}{R_2}.$$

Daraus folgert mit der Generatorspannung $U_E = (+u_E -u_E)$

$$V_u = \frac{u_a}{u_E} = \frac{R_1}{R_2}.$$

Beispiel: Ist nach Abb. 3.4-1 $R_2 = R_4 = 10$ kΩ und $R_1 = R_3 = 100$ kΩ, so ist die Verstärkung

$$V_u = \frac{R_1}{R_2} = \frac{100 \text{ k}\Omega}{10 \text{ k}\Omega} = 10.$$

Für den genauen Abgleich des CMRR-Verhältnisses wird in der Praxis $R_3 = R_1$ regelbar gemacht. Das Potentiometer in diesem Zweig erhält $0,2 \cdot R_1$ und der Festwiderstand $0,9 \cdot R_1$. Die vorliegende Schaltung Abb. 3.4-1 hat einen relativ niedrigen Eingangswiderstand, der sich aus $R_E = R_2 + R_4 + R_3$ ergibt.

Häufig wird die Forderung nach einem hohen Eingangswiderstand gestellt. Das ist in der Schaltung *Abb. 3.4-2* realisiert. Vor den eigentlichen Differenzverstärker OP 3 sind zwei Spannungsfolger OP 1 und OP 2 geschaltet. Die daraus sich ergebenden Eingangswiderstände liegen im Bereich von $1 \cdot 10^{10}$ Ω bei ca. 2 nA Eingangsstrom (FET-Eingang). Weiter wird bei diesen empfindlichen Verstärkern noch erforderlich sein – besonders bei hoch gewählter V_u –, eine Offsetkompensation für die beiden Eingangsverstärker OP 1 und OP 2 zu berücksichtigen. Diese Offsetregulierung kann evtl. so vorgenommen werden, daß bei kurzgeschlossener Spannung U_a auf Null geregelt wird.

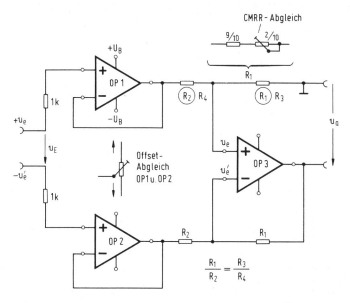

Abb. 3.4-2 Differenzverstärker mit Spannungsfolger am Eingang zur Erhöhung des Eingangswiderstandes

In der Schaltung *Abb. 3.4-3* sind die beiden Eingangsoperationsverstärker aus Abb. 3.4-2 nicht mehr als einfache Spannungsfolger, sondern als Verstärker geschaltet. Der Widerstand R_2 gilt sowohl für den OP 1 als auch für den OP 2 als zu einer virtuellen Masse – gegenüberliegender invertierender Eingang – geführter Widerstand. Die Verstärkung dieser ersten Stufe (OP 1 und OP 2) ist aus dem nichtinvertierenden Zweig

$$V_{u_n} = 1 + \frac{R_1}{R_2}$$

und dem invertierenden Zweig $V_{u_i} = \dfrac{R_1'}{R_2}$

entsprechend

$$\frac{U_A}{U_E} = V_u' = 1 + \frac{R_1}{R_2} + \frac{R_1'}{R_2} \,.$$

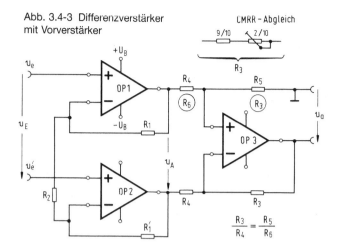

Abb. 3.4-3 Differenzverstärker mit Vorverstärker

Wird $R_1 = R_1'$ gesetzt, so ist schließlich

$$V_u' = 1 + \frac{2 \cdot R_1}{R_2}.$$

Die gesamte Verstärkung der Schaltung erreicht mit der Ableitung der Verstärkungsformel für OP 3 dann mit $u_E = u_e' - u_e$ folgenden Wert:

$$V_u = \frac{u_a}{u_e} \left(1 + \frac{2 \cdot R_1}{R_2}\right) \cdot \left(\frac{R_3}{R_4}\right) \text{ mit } R_3 = R_5 \text{ und } R_4 = R_6.$$

Die Größe der Störunterdrückung (CMRR) ist für eine Störspannung u_s dann

$$\text{CMRR (dB)} = 20 \cdot \log \frac{u_s \cdot V_u}{u_{a_s}}.$$

Da bei einem auf beiden Eingängen wirksamen Störsignal die Ausgänge von OP 1 und OP 2 ebenfalls gleiche Amplitude und Phasenlage des Störsignals führen, ist der Störstrom durch R_2 Null. Hieraus geht hervor, daß das Störsignal in OP 1 oder OP 2

128

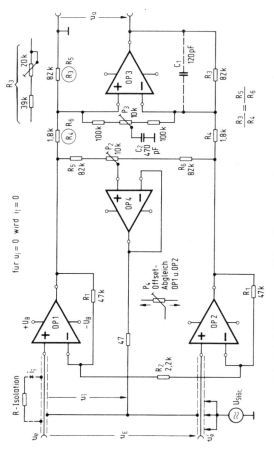

Abb. 3.4-4 Differenzverstärker für hochempfindliche Signalquellen

129

nicht verstärkt wird. Das gleiche trifft natürlich wieder für die Endschaltung mit dem OP 3 zu, dessen Widerstand R_5 erneut abgleichbar gemacht wird, um eine optimale Gleichtaktunterdrückung zu erhalten.

Eine für die Praxis ausgeführte Schaltung ist in der *Abb. 3.4-4* gezeigt. Die Eingangskreise OP 1 und OP 2 entsprechen in Schaltung und Verstärkungsberechnung V_u' der Abb. 4.4-3. In dem angegebenen Fall ist die Verstärkung

$$V_u' = \frac{R_1}{R_2} = \frac{47\ k\Omega}{2,2\ k\Omega} \approx 21.$$

Wird der Endverstärker OP 3 betrachtet, so ist

$$V_{u_{OP3}} = \frac{R_3}{R_4} = \frac{82\ k\Omega}{1,8\ k\Omega} \approx\ = 45,5.$$

Die gesamte Verstärkung ist

$$V_u = V_u' \cdot V_{u_{OP3}} = 21 \cdot 45,5 = 957.$$

Der Kondensator C_1 kann die Schaltung im Hinblick auf überlagerte, nicht gleichtaktförmige Störsignale optimieren. Für eine obere Grenzfrequenz der Schaltung ist dann innerhalb der Leistungsbandbreite

$$f_o \approx \frac{1}{2 \cdot \pi \cdot R_3 \cdot C_1}.$$

Eine Gleichtaktoptimierung wird wieder über den regelbaren Teil von R_5 vorgenommen. Des weiteren ist eine Offsetregelung über P 4 angedeutet, wobei je nach OP-Typ die Offsetschaltung entsprechend angeschlossen werden muß. Im Gegensatz zu der Schaltung Abb. 3.4-3 ist in der Abb. 3.4-4 der OP 4 hinzugekommen. Die Ausgangsspannung des OP 4 wirkt als eine Art Bootstrapping auf die beiden Eingänge. Zunächst wird mit P 2 die Ausgangsspannung u_i auf Null gestellt. Damit wird erreicht, daß beide Seiten des Isolationswiderstandes, der Abschirmung und des Leiterbahnschirms, gleiches Potential haben, wodurch dann der Isolationsstrom i_i Null wird. Es wird dann für das Eingangssignal lediglich der Eingangswiderstand von OP 1 oder OP 2 wirksam. Diese Maßnahme ist besonders für extrem hochohmige FET-Eingänge erforderlich, da hier Eingangsströme im Bereich von 0,1 pA...20 pA (10^{-12} A) üblich sind, mit Eingangswiderständen von $10^{12}...10^{13}$ Ω.

3.5 Spannungsfolger mit regelbarer Verstärkung und Ausgangsphase

Besonders für Meßzwecke ist es erforderlich, die Amplitude einer Spannung kontinuierlich regeln zu können. Bei Meßgeneratoren, z. B. Funktionsgeneratoren, ist es zusätzlich erwünscht, die Phasenlage der Ausgangsspannung zu ändern, um z. B. bei unsymmetrischen Rechtecksignalen einmal positive Nadeln und zum anderen die gleiche Kurvenform in negativer Richtung zur Verfügung zu haben. Die Schaltung der *Abb. 3.5-1* gibt diese Möglichkeiten wieder. Damit sowohl die positive als auch die negative Ausgangslage gleiche Amplitude haben, ist es zunächst erforderlich, daß $R_1 = R_2$ ist. Hier werden eng tolerierte Widerstände benutzt, evtl. wird ein Teil des Zweiges von R_1 oder R_2 regelbar gemacht.

Die Funktion der Schaltung ist wie folgt: Wird der Schleifer S von P an den Anfang A gestellt, so ist die Spannung $u_c = 0$. Der OP arbeitet als invertierender Spannungsfolger mit

$$V_u = \frac{R_1}{R_2} = \frac{10 \text{ k}\Omega}{10 \text{ k}\Omega} = 1.$$

Ist andererseits der Schleifer S an E gestellt, so ist $u_e = u_E$. Hier liegt ein nichtinvertierender Verstärker mit $V_u = 1$ vor. Entsprechend diesen beiden extremen Einstellungen ist die Phasenlage der Ausgangsspannung einmal $u_E = +u_a$ und einmal $u_E = -u_a$. Soll die Phasenlage nicht geändert werden, so kann die Ver-

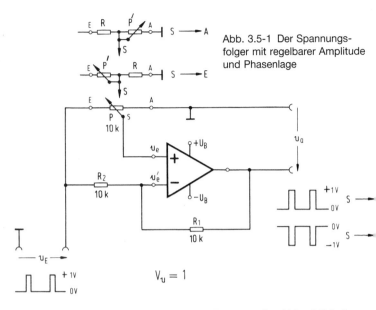

Abb. 3.5-1 Der Spannungsfolger mit regelbarer Amplitude und Phasenlage

$V_u = 1$

stärkung entsprechend den beiden Zusätzen in Abb. 3.5-1 für $u_E = +u_a$ oder $u_E = -u_a$ von Null ausgehend bis zum maximalen Wert $u_a = u_E$ geregelt werden.

Eine Unsymmetrie von R_1 und R_2 bewirkt eine entsprechende Unsymmetrie der positiven zur negativen Ausgangsamplitude. Es ist

$R_1 = R_2 + u_a = u_E$ sowie $-u_a = u_E$ oder mit
$R_1 < R_2 + u_a = u_E$ sowie $-u_a < u_E$
$R_1 > R_2 + u_a = u_E$ sowie $-u_a > u_E$.

In der Schaltung Abb. 3.5-1 ist durch einen Zusatz die weitere Möglichkeit einer Offsetregelung für die Spannung u_a gegeben. Damit ist eine zusätzliche Forderung eines Funktionsgenerators erfüllt. Hierzu wird der Massepunkt von P an den Schleifer eines zweiten Potentiometers angeschlossen, das an A und E eine Spannung von z. B. +/−5 V erhält. Die Wahl der Spannung ist abhängig von der Betriebsspannung des OP, der gewünschten

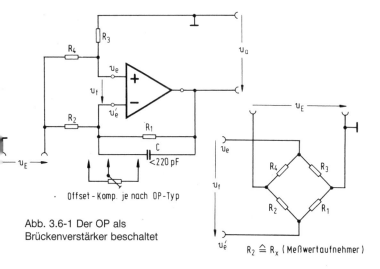

Abb. 3.6-1 Der OP als
Brückenverstärker beschaltet

$R_2 \cong R_x$ (Meßwertaufnehmer)

Offsetspannung an u_a sowie der maximal unbegrenzten Ausgangsspannung. Für die Forderung der oberen Grenzfrequenz ist ein
OP mit entsprechend hoher Slew rate zu wählen.

3.6 Brückenverstärker

Für Meßzwecke sind hochempfindliche Brückenverstärker nach
Abb. 3.6-1 üblich. Die Brückenschaltung, bestehend aus

$$\frac{R_1}{R_2} = \frac{R_3}{R_4}$$

ist ähnlich der Abb. 3.5-1 mit dem OP beschaltet. Der Kondensa-
tor C (≈ 47 pF...200 pF) dient der Minderung höherer frequenter
Störsignale, so z. B. auch der Dämpfung der Rauschanteile.
Für die Verstärkung gilt mit

$$V_{u1} = 1 + \frac{R_1}{R_2} \text{ sowie } V_{u2} = - \frac{R_1}{R_2}$$

nach Abb. 3.6-1 die Gesamtverstärkung des Differenzsignales

$$V_u = \left(1 + \frac{R_1}{R_2}\right) - \frac{R_1}{R_2}.$$

Mit R_3 und R_4 aus dem Spannungsteiler der Brücke wird

$$\frac{u_E}{u_e} = \frac{R_3}{R_3 + R_4}.$$

Somit ist die gesamte Verstärkung

$$V_u = \frac{u_a}{u_E} = \frac{R_3}{R_3 + R_4} \cdot \left(1 + \frac{R_1}{R_2}\right) - \frac{R_1}{R_2}.$$

Der Zähler kann geändert werden in

$$R_3 + \frac{R_3 \cdot R_1}{R_2} - \frac{R_3 \cdot R_1}{R_2} - \frac{R_4 \cdot R_3}{R_2}.$$

Damit ist

$$V_u = \frac{u_a}{u_E} \cdot \left(\frac{R_3 - \dfrac{R_4 \cdot R_1}{R_2}}{R_3 + R_4}\right).$$

Es ist mit $\dfrac{R_1}{R_2} = \dfrac{R_3}{R_4}$

die Differenzspannung $u_f = 0$ und somit $u_a = 0$ als Bedingung für das Brückengleichgewicht.

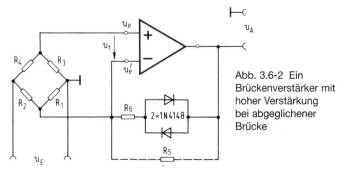

Abb. 3.6-2 Ein Brückenverstärker mit hoher Verstärkung bei abgeglichener Brücke

In der *Abb. 3.6-2* ist ein Brückenverstärker gezeigt, der im Bereich der abgeglichenen Brücke, also bei $u_f \approx 0$ V, eine sehr hohe Verstärkung aufweist, da hier die Dioden ohne Spannung zwischen u_e' und u_A liegen und entsprechend hochohmig sind. Die hier erforderliche Verstärkung kann durch R_5 eingestellt werden. Die Verstärkungseinstellung außerhalb dieses Bereiches, also bei nicht abgeglichener Brücke, erfolgt über R_6.

3.7 OP als Logarithmierer geschaltet

Für bestimmte Zwecke, so z. B. für die Erzeugung einer unlinearen Steuerspannung für die Kapazitätsdiode im Wobbelgenerator, für die Dehnung von Meßbereichen usw., ist ein logarithmischer Spannungsverlauf erforderlich. In der *Abb. 3.7-1* und dem dazugehörigen Oszillogramm *Abb. 3.7-2* wird dieser Verlauf durch einen im Gegenkoppelzweig geschalteten Transistor erreicht. Dabei wird im Gebiet kleiner Gegenkoppelströme der

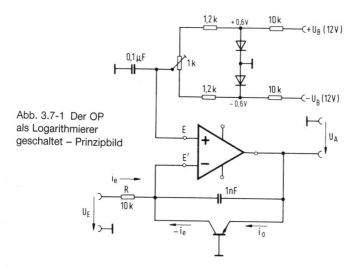

Abb. 3.7-1 Der OP als Logarithmierer geschaltet – Prinzipbild

135

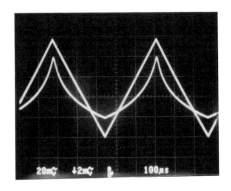

Abb. 3.7-2
Ein Dreieck-
steuersignal $u_e' =$
10 mV$_{ss}$ und
der logarithmische
Verlauf des Ausgangs-
signales von 60 mV$_{ss}$

Verlauf der EB-Diodenkennlinie des Transistors ausgenutzt. Das bedingt entsprechend kleine Ausgangsspannungen, die in der Praxis bei bis zu einigen 100 mV – typisch 100 mV – liegen. Da der OP in diesem Gebiet mit teilweise hoher Verstärkung arbeitet – typisch 10...100 – ist die Eingangsspannung im Bereich von einigen Millivolt zu wählen. Die Größe der Eingangsspannung hängt im wesentlichen von der Wahl des Widerstandes R ab. Der logarithmische Verlauf der BE-Kennlinie wird im unteren Strombereich (nA) ausgenutzt; typischer Bereich 20 nA...750 µA. Aus diesem Grunde kann der Widerstand R entsprechend der Größe der vorhandenen Eingangsspannung ermittelt werden. Bei $U_E = 1$ V$_{ss}$ hat der Widerstand R eine Größe von ca. 100 kΩ bis 1 MΩ. Aus diesen Überlegungen geht hervor, daß hier besonders OPs mit extrem hohen Eingangswiderständen bei kleinen Offsetwerten eingesetzt werden. Es handelt sich dabei ausschließlich um Präzisions-OPs mit FET-Eingang. Störendes Rauschen wird über den 1-nF-Kondensator total gegengekoppelt. Der Kondensator beeinflußt bei schnellen Steuerspannungsänderungen den Frequenzgang, er ist deshalb entsprechend der Anwendung zu optimieren.

Die Diodenkennlinie einer BE-Strecke bei $U_{CB} = 0$ gehorcht der Gleichung

$$U_{BE} \approx \frac{k \cdot T}{e} \cdot ln\left(\frac{I_c}{I_o}\right)$$

k = Boltzmann Konstante $13{,}81 \cdot 10^{-24}$ J/k

T = absolute Temperatur (Kelvin)

e = elektrische Elementarladung $0{,}16 \cdot 10^{-18}$ C

I_o = Sperrstrom im Sättigungsbereich bei 27 °C $\approx 1 \cdot 10^{-13}$ A.

Der Temperaturkoeffizient von a ist etwa $t_{k_a} \approx +0{,}27\%$ pro Grad. Wird die vorliegende Gleichung auf den 10er-Logarithmus bezogen, so ist

$$U_{BE} \approx 2{,}3 \cdot a \cdot log\left(\frac{I_c}{I_O}\right).$$

Mit $a = \dfrac{k \cdot T}{e} = \dfrac{13{,}81 \cdot 10^{-24} \cdot 273{,}16}{0{,}16 \cdot 10^{-18}}$ ist bei $t_u = 25$ °C

$2{,}3 \cdot a = 59{,}19 \cdot 10^{-2}$ V ≈ 60 mV.

Somit ist der Spannungsverlauf mit

$$U_{BE} \approx 60 \text{ mV} \cdot log \frac{I_c}{1 \cdot 10^{-13}}$$

gegeben. Aus dieser Gleichung ist ersichtlich, daß für jede Änderung um $10 \cdot I_C$ eine Änderung von 60 mV erfolgt.

Für eine Temperaturkompensation dieser empfindlichen Schaltung sind drei Wege zu beschreiben: 1. Wahl eines OP mit kleinen Z_K; 2. Kompensation des t_{K_a}; 3. Kompensation des t_K der U_{BE}-Strecke. Eine Schaltung dafür ist in der *Abb. 3.7-3* gezeigt. Der OP 2 ist als Konstantstromgenerator für T 2 geschaltet. Die Größe des Konstantstromes I_{C2} wird durch die Referenzspannung U_R und den Widerstand R_3 bestimmt. Der Widerstand R_1 ist ein Thermistor mit einem $t_K \approx 0{,}3\%$ pro Grad. Der Widerstand R_2 (2,2 kΩ...39 kΩ) bestimmt u. a. den Aussteuerbereich der *log*-Kennlinie sowie den erzielten Kompensationsgrad. Beide Werte sind in der Praxis auszuprobieren. Die Transistoren T 1 und T 2

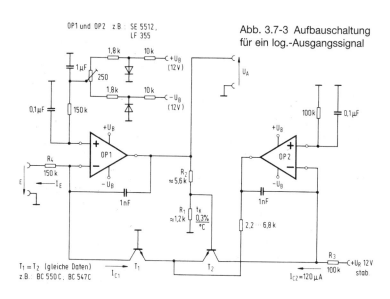

Abb. 3.7-3 Aufbauschaltung für ein log.-Ausgangssignal

haben eine hohe Stromverstärkung; beide sollten gleiche B-Werte aufweisen. Der extrem hochohmige Eingangskreis des OP 1 muß durch das Platinen-Layout sowohl gegen Störspannungseinstrahlungen als auch gegen Offsetströme aufgrund schlechter Isoliereigenschaften benachbarter Leiterbahnen geschützt werden. Der Eingangsstrom ist

$$I_E = \frac{U_E}{R_4}.$$

Die Größe der Ausgangsspannung ist

$$U_A = log \frac{I_{C2}}{I_{C1}}.$$

Mit $I_{C2} = 120 \mu A$ ist

$$U_A = log \frac{120 \mu A}{I_{C1}} = log \frac{120 \mu A \cdot R_4}{U_E}.$$

138

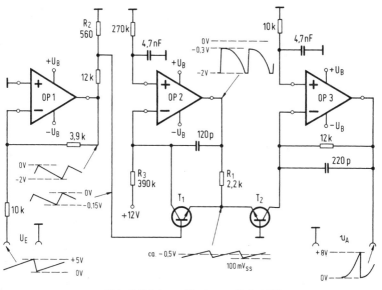

Abb. 3.7-4 Logarithmierer mit drei OPs

Eine weitere in der Praxis erprobte Schaltung ist in der *Abb. 3.7-4* wiedergegeben. Eine von Null ausgehende Sägezahneingangsspannung steuert den OP 1. Am Ausgang entsteht ein negativ gerichtetes Signal. Über einen Spannungsteiler wird der Transistor T 1 angesteuert. Er liegt im Gegenkoppelzweig von OP 2. Er dient u. a. der Temperaturkompensation von T 2. Der Widerstand R_3 bestimmt den Kollektorstrom und die Ausgangsamplitude. Die Werte von R_1 und R_3 haben entsprechenden Einfluß auf die Form der Ausgangsspannung. Der Transistor T 2 wird als eigentliches logarithmierendes Element eingesetzt. Der OP 3 verstärkt das Signal auf ca. $U_A = 8\ V_{ss}$. Um die Lage des Nullpunktes der Signale festzulegen, ist evtl. für OP 2 und OP 3 eine Offsetregelung erforderlich. Beide Transistoren sollen möglichst gleiche B-Werte haben (B > 750).

139

3.8 OP als Differenzierer geschaltet – Hochpaßfilter

In der *Abb. 3.8-1* ist ein R-C-Hochpaß gezeigt, der als Differenzglied arbeitet. Wird mit der Zeitdauer T ein Rechtecksignal an den Eingang geschaltet, so wird am Ausgang das differenzierte Signal $U_A = I_C \cdot R$ erscheinen. Innerhalb der Zeitdauer T für U_E wird die Ausgangsspannung $U_A = 0$, wenn $8 \cdot \tau = 8 \cdot R \cdot C < T$ ist. Entsprechend wird eine Sägezahnspannung am Eingang als Ausgangssignal eine Rechteckkurvenform erzeugen, wenn etwa $\tau \leq 0,12 \cdot T$ ist. Für die Ermittlung des konstanten Kondensatorstroms, erzeugt durch eine linear ansteigende Spannung, ist

$$I_C = C \cdot \frac{\Delta U_E}{\Delta t}.$$

Beispiel: Steigt die Sägezahnspannung in 10 ms bei einem 0,68-µF-Kondensator um 3 V an, dann ist der Kondensatorstrom

$$I_C = 0,68 \cdot 10^6 \cdot \frac{3 \text{ V}}{10 \cdot 10^{-3} \text{ s}} = 204 \text{ µA}.$$

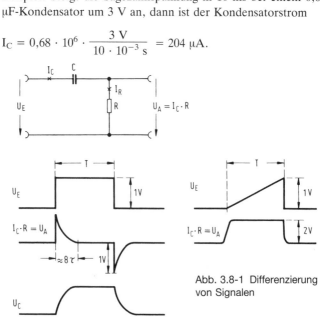

Abb. 3.8-1 Differenzierung von Signalen

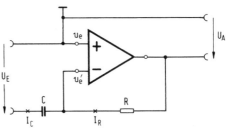

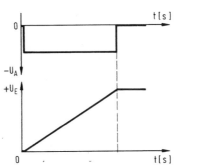

Abb. 3.8-2
Prinzipbild einer
Differenzierer-
schaltung mit OP

Da der Kondensatorstrom als $I_C = I_R$ durch den Widerstand R fließt, ist in Abb. 3.8-1 auch

$$U_A = I_C \cdot R.$$

Die rechteckförmige Ausgangsspannung des Beispiels ist dann mit $R = 2,2 \text{ k}\Omega$

$$U_A = 2,2 \text{ k}\Omega \cdot 204 \text{ }\mu A \approx 450 \text{ mV}.$$

In der *Abb. 3.8-2* ist das Differenzierglied in den invertierenden Gegenkoppelkreis eingefügt. Da der Eingang u_e' als virtuelle Masse wirkt, ist der Eingangsstrom wieder:

$$I_C = C \cdot \frac{\Delta U_E}{\Delta t}.$$

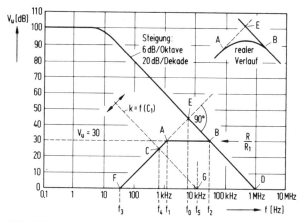

Abb. 3.8-3 Frequenzverlauf der OP-Differenziererschaltung

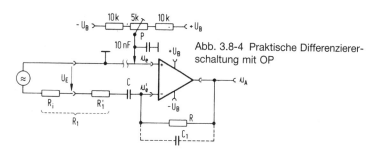

Abb. 3.8-4 Praktische Differenzierer-schaltung mit OP

Mit $u_A = I_C \cdot R$ ist in der Abb. 3.8-2 damit die Ausgangsspannung

$$u_A \approx - R \cdot C \cdot \frac{\Delta U_E}{\Delta t}.$$

Da der Inverter hier mit einer hohen Verstärkung V_u arbeitet, die lediglich durch den Innenwiderstand des steuernden Generators bestimmt wird, treten nach Oszillogramm Abb. 3.8-5 und den dort gemachten Erläuterungen Einschwingvorgänge auf, die durch einen zusätzlichen Widerstand R_1 in *Abb. 3.8-4* gedämpft werden. Aus der Abb. 3.8-5 geht weiter hervor, daß es sich im vorliegenden Fall um einen invertierenden Differenzierer handelt, zu erkennen an der positiv steigenden Rampe des Eingangssignals und dem entsprechend negierten Ausgangs-Rechtecksignal.

Die Dimensionierung der Schaltung wird anhand der *Abb. 3.8-3* vorgenommen. Grundsätzlich hat ein Differenzierer den Kurvenverlauf F-E mit einer Steigung von 6 dB/$_{Oktave}$. Die Kurve schneidet den Verstärkungsverlauf des OP im Punkt E. Um eine Schwingneigung zu verhindern, wird der Widerstand R_1 eingefügt. Dieser verursacht je nach Verhältnis von

$$V_u = \frac{R}{R_1}$$

einen waagerechten Verlauf von A nach B. Eine Eigenschwingung tritt in B nicht mehr auf, da der Austrittswinkel $<90°$ ist. Für eine genauere Beschreibung kann das Buch „Operationsverstärker Praxis" (Nührmann – Franzis-Verlag) herangezogen werden. Eine Abflachung des Kurvenverlaufs ab Punkt A, der beliebig liegen kann, wird immer auftreten, da der Innenwiderstand des steuernden Generators zu berücksichtigen ist. Der Verstärkungsverlauf von F nach A in Abb. 3.8-3 ist frequenzabhängig. Es ist

$$V_u = \frac{u_a}{u_E} = - \frac{R}{Z} = - \frac{R_o \cdot (j \cdot \omega \cdot C)}{R_1}.$$

Bei den letzten Überlegungen wurde der Kondensator C_1 nicht berücksichtigt. Für das Einfügen von C_1 sind zwei Gründe zu nennen: Einmal kann dieser mit Werten von 20 pF...100 pF Rauschstörungen ganz erheblich mindern, ohne größeren Einfluß auf den Kurvenverlauf von Abb. 3.8-3 zu nehmen. Eine weitere Möglichkeit besteht darin, den Wert von C_1 gezielt einzusetzen, um ab einer bestimmten Frequenz f_4 den Kurvenverlauf C-G zu erhalten. In diesem Fall arbeitet die Schaltung im Bereich von $f_3...f_4$ (Punkt F-C) als Differenzierer und im Bereich $f_4...f_5$ (Punkt C-G) als Integrierer. In der Praxis wird häufig nur von R_1 und einem kleinen Wert von C_1 Gebrauch gemacht. Die Lage der

Kurve k (C-G) ist in der Parallelverschiebung von E-D eine Funktion von k = f · (C₁).

Für die Dimensionierung der Schaltung Abb. 3.8-4 wird wie folgt vorgegangen: Die Summe aus R_i + R_1 zwischen 330Ω... 1,5 kΩ zu wählen. Die Größe von R_1 beeinflußt das Flankenende von u_a, so daß eine Optimierung sinnvoll ist. Praktische Werte liegen bei R_i + R_1 ≈ 600 Ω und sind u. a. von der Slew rate des betreffenden OP abhängig. Soll das mittlere Potential der Ausgangsspannung u_a auf Null bezogen werden, so kann der Spannungsteiler mit dem Potentiometer P den Eingang +u_e mit einer Gleichspannung beaufschlagen, die das Gleichspannungspotential von u_a regelbar macht.

Es gelten weiter die folgenden Bedingungen:

$$f_3 \approx \frac{1}{2 \cdot \pi \cdot R \cdot C};$$

weiter je nach Schaltung mit/ohne C_2

$$f_1 \triangleq f_4 \approx \frac{1}{2 \cdot \pi \cdot R_1 \cdot C} = \frac{1}{2 \cdot \pi \cdot R \cdot C_1}.$$

Weiter ist

$$f_1 \, (f4) \approx \frac{f_o}{3,15} \text{ sowie } f_2 \approx f_o \cdot 3,15.$$

Somit ist auch

$$f_o \approx \frac{3.15}{2 \cdot \pi \cdot R_1 \cdot C} \approx \frac{1}{2 \cdot R_1 \cdot C}.$$

Die Frequenz f_5 in Punkt G ist

$$f_5 \approx \frac{1}{2 \cdot \pi \cdot R_1 \cdot C_1}.$$

Für die praktische Dimensionierung wird R ≈ 10 kΩ...1 MΩ gewählt.

Beispiel: Nach Abb. 3.8-4 ist $R_i = 50\,\Omega$ und $R_1' = 470\,\Omega$. Somit ist die Summe $R_i + R_1' = 520\,\Omega$. Mit $R = 20\,k\Omega$ ist

$$V_u \approx \frac{20\ k\Omega}{520\ k\Omega} = 38{,}5.$$

Soll $f_3 = 250$ Hz betragen, so ist

$$C \approx \frac{1}{2 \cdot \pi \cdot f_3 \cdot R} = \frac{1}{2 \cdot \pi \cdot 250\ \text{Hz} \cdot 20\ k\Omega} = 32\ \text{nF}.$$

Damit ist

$$f_1 \approx \frac{1}{2 \cdot \pi \cdot R_1 \cdot C} = \frac{1}{2 \cdot \pi \cdot 520\ \Omega \cdot 32\ \text{nF}} = 9{,}6\ \text{kHz}.$$

Weiter ist

$$f_o \approx 9{,}6\ \text{kHz} \cdot 3{,}15 = 30\ \text{kHz}$$

sowie

$$f_2 \approx 30\ \text{kHz} \cdot 3{,}15 = 95{,}4\ \text{kHz}.$$

Soll der Kurvenverlauf ab Punkt $C = f_4 = 5$ kHz als Integrierer umkippen, so ist

$$C_1 \approx \frac{1}{2 \cdot \pi \cdot f_4 \cdot R} = \frac{1}{2 \cdot \pi \cdot 5\ \text{kHz} \cdot 20\ k\Omega} = 1{,}6\ \text{nF}.$$

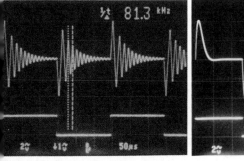

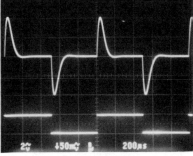

Abb. 3.8-5 Oszillogramm des Einschwingens bei kritisch gewählten Bauelementen

Abb. 3.8-6 Oszillogramm eines OP-Differenzierers

Somit wird

$$f_5 \approx \frac{1}{2 \cdot \pi \cdot R_1 \cdot C_1} = \frac{1}{2 \cdot \pi \cdot 520 \ \Omega \cdot 1{,}6 \ \text{nF}} = 191 \ \text{kHz}.$$

Das Oszillogramm eines Differenzierers mit OP ist in *Abb. 3.8-6* gezeigt. Die Invertierung ist hier nicht zu erkennen, da das Eingangssignal im Scope elektronisch um 180° gedreht wurde, um die Flankenzuordnung der Signale besser erkennen zu können. Der Widerstand R_1 (Abb. 3.8-4) bestimmt den Verlauf der Rückflanke im Nullbereich. Die Vorderflanke wird auch hier von der Slew rate des benutzten OP bestimmt.

3.9 OP als Integrierer geschaltet – Tiefpaßfilter

In der *Abb. 3.9-1* entspricht die Ausgangsspannung dem Integral

$$u_A = -\frac{1}{R \cdot C} \int_{t_1}^{t_2} u_E \cdot dt.$$

Nach Abb. 3.9-1 soll die Dimensionierung für

$$\tau = R \cdot C \geqq 10 \cdot T = t_2 - t_1$$

sein. Die Ausgangsspannung ist

$$u_A = -\frac{I_E \cdot \Delta T}{C} \quad \text{mit} \ I_E = \frac{U_E}{R}.$$

Diese Gleichung gilt nur, wenn die Eingangsströme des OP – z. B. FET-Eingang – vernachlässigbar gering sind.
Beispiel: Ist $T = 1 \ \text{ms}$, $R = 22 \ \text{k}\Omega$; $C = 0{,}68 \ \mu\text{F}$ sowie $U_E = 1{,}2 \ \text{V}$, dann wird

$$u_A = -\frac{\dfrac{U_E}{R} \cdot T}{C} = -\frac{\dfrac{1{,}2 \ \text{V}}{22 \ \text{k}\Omega} \cdot 1 \ \text{ms}}{0{,}68 \ \mu\text{F}} = -80{,}2 \ \text{mV}$$

146

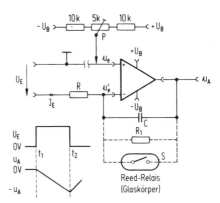

Abb. 3.9-1 OP als Integrierer geschaltet

bei vernachlässigbaren Eingangsströmen. Da bei $U_E = 0$ die Schleifenverstärkung dem maximalen OP-Wert V_o entspricht, ist das Ruhepotential von u_A instabil und von der Höhe und Polarität der Offsetspannungen abhängig. Aus diesem Grunde wird der Widerstand R_1 eingeführt, dessen Wert für den Integrierer $R_1 \gg R$ sein soll. Die Dimensionierung von R_1 für eine Tiefpaß-schaltung ist so zu sehen, daß nach *Abb. 3.9-2* die Frequenz im Punkt B als

$$f_2 = \frac{1}{2 \cdot \pi \cdot R_1 \cdot C}$$

ermittelt werden kann. Weiter ist im Punkt C die Frequenz

$$f_3 = \frac{1}{2 \cdot \pi \cdot R \cdot C}.$$

In der Praxis sind Werte um 1 MΩ üblich. In dem Diagramm Abb. 3.9-2 ist als Beispiel bei 60 dB die Verstärkungsbegrenzung von

$$\frac{R_1}{R} = 1000$$

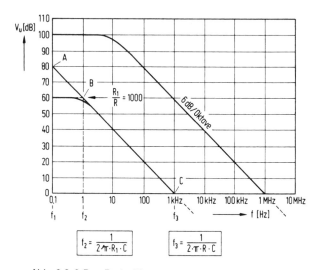

Abb. 3.9-2 Das Bode-Diagramm für das Tiefpaßverhalten des Integrierers

eingezeichnet. Als Punkt B bei der Frequenz f_2 beginnt der Abfall der Verstärkung von 6 dB/$_{\text{Oktave}}$ entsprechend dem gewählten Wert von R und C. Bei einer kontanten rechteckförmigen Eingangsspannung von 1 V_{ss} werden z. B. erreicht bei

$$13 \text{ Hz} \quad U_A = 20 \text{ V}_{ss}$$
$$130 \text{ Hz} \quad U_A = 2 \text{ V}_{ss}$$
$$1,3 \text{ kHz} \quad U_A = 0,2 \text{ V}_{ss}$$

als integriertes, dreieckförmiges Ausgangssignal. Nach Abb. 3.9-2 ist zu dimensionieren zunächst für den Punkt C die Frequenz

$$f_3 = \frac{1}{2 \cdot \pi \cdot R \cdot C}.$$

Der Punkt A ist mit

$$f_1 = 0,0001 \cdot f_3 = \frac{1}{V_u} \cdot f_3.$$

148

Beispiel: Soll für ein Tiefpaßverhalten f_3 mit $V_u = 1$ bei 1 kHz liegen und ist $R = 20$ kΩ, so muß entsprechend

$$C = \frac{1}{2 \cdot \pi \cdot f_3 \cdot R} = \frac{1}{2 \cdot \pi \cdot 1 \text{ kHz} \cdot 20 \text{ k}\Omega} = 8 \text{ nF}$$

sein. Gemäß der Kurve Abb. 3.9-2 und einem gewählten Wert für R_1 kann der Verstärkungsverlauf dimensioniert werden.

Handelt es sich um eine Langzeitintegration, deren Zeitdauer mit FET-Eingängen bei einem OP im Stundenbereich liegen kann, so entfällt verständlicherweise der Widerstand R_1. Es werden Kondensatortypen mit hohem Isolationswiderstand (Polystyrol, Teflon) benutzt, wenn nach *Abb. 3.9-3* mit einem Integrierer eine Sample-and-hold-Schaltung aufgebaut werden soll. Entladung erfolgt nach Abb. 3.9-1; die Trennung und die Entladung nach Abb. 3.9-3 wird über Reed-Relais mit Glaskörpern (hoher Isolationswiderstand) vorgenommen. Halbleitertypen, außer evtl. MOS-FETs, als Schalter eignen sich hier nicht.

Das Oszillogramm *Abb. 3.9-4* zeigt das typische integrierte Ausgangssignal bei einer rechteckförmigen Eingangsspannung. Es soll auch hier nicht unerwähnt bleiben, daß der Integrierer als Invertierer arbeitet, im Scope aber zur besseren Übersicht das

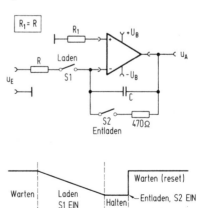

Abb. 3.9-3
Sample and Hold
mit dem Integrierer

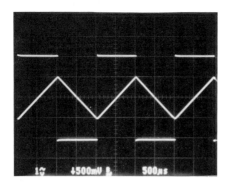

Abb. 3.9-4
Oszillogramm der
integrierten
Rechteckspannung

Ausgangssignal erneut um 180° gedreht wurde. Die Daten der Aufnahme sind: $f = 500$ Hz; t (eine Rampe) $= 1$ ms; $u_E = 2$ V_{ss} und $u_A = 2$ V_{ss}. Weiter war $R = 20$ kΩ und $C = 47$ nF sowie $R_1 = 12$ MΩ.

Es ist auch hier

$$u_A = \frac{\dfrac{2\ V}{20\ k\Omega} \cdot 1\ ms}{47\ nF} = 2,12\ V \text{ sowie}$$

$$f_3 = \frac{1}{2 \cdot \pi \cdot 20\ k\Omega \cdot 47\ nF} = 169\ Hz$$

entsprechend $V_u = 1$ für eine Tiefpaßbetrachtung. Weiter ist

$$f_2 = \frac{1}{2 \cdot \pi \cdot 1\ M\Omega \cdot 47\ nF} = 3,38\ Hz.$$

In der *Abb. 3.9-5* ist eine Modifikation des Eingangskreises mit R_1 und R_2 angegeben. Diese Schaltung ist sinnvoll, wenn der steuernde Generator über höhere Eingangsspannungen verfügt. Der für die Integrationszeit wirksame Wert des Widerstandes vergrößert sich um den Faktor

$$a = \frac{R_1 + R_2}{R_2}.$$

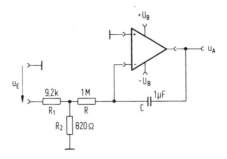

Abb. 3.9-5 Schaltungs-
erweiterung für lange
Integrationszeichen

Somit ist dann $\tau \approx a \cdot R \cdot C$.

Beispiel: Nach Abb. 3.9-4 ist $R_1 = 9,2$ kΩ und $R_2 = 820$ Ω sowie $R = 1$ MΩ und $C = 1$ μF. Dann ist

$$\tau \approx \frac{9,2\,k\Omega + 820\,\Omega}{820\,\Omega} \cdot 1\,M\Omega \cdot 1\,\mu F = 12,2 \cdot 1\,M\Omega \cdot 1\,\mu F = 12,2\,s.$$

Damit ist τ um den Faktor $12,2 \cdot 1$ s erweitert worden.

3.10 OP als Schmitt-Trigger geschaltet

Im Gegensatz zu den bisherigen Abschnitten wird beim Schmitt-Trigger eine Mitkopplung benutzt.

Das Prinzip

Die *Abb. 3.10-1* zeigt das Prinzip. Es ist zunächst festzustellen, daß der Schmitt-Trigger ein erweiterter Komparator ist. Die Referenzspannung wird als U_R bezeichnet. Die maximale Ausgangsspannung U_A erreicht die beiden Sättigungspegel $+U_S$ und $-U_S$, die je nach OP-Typ ca. 2 V unterhalb von $+U_B$ und $-U_B$ liegen. Die Widerstände R_1 und R_2 bilden den Gegenkoppelzweig. Der OP kann nach Abb. 3.10-1 sowohl als nichtinvertierender Schmitt-Trigger mit Ansteuerung von u_e als auch, wie

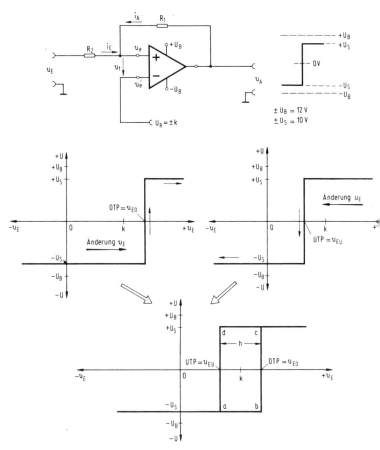

Abb. 3.10-1 Der Schmitt-Trigger als Komparator mit Hysterese

später beschrieben, nach *Abb. 3.10-2* als invertierender Schmitt-Trigger mit Ansteuerung an u_e' geschaltet werden.

Die Referenzspannung k kann im Bereich von $+U_S$ gewählt werden. Im Beispiel der Abb. 3.10-1 ist k positiv, z. B. $+3$ V. Damit ist $u_e' = +3$ V. Ist im theoretischen Fall jetzt u_e ebenfalls

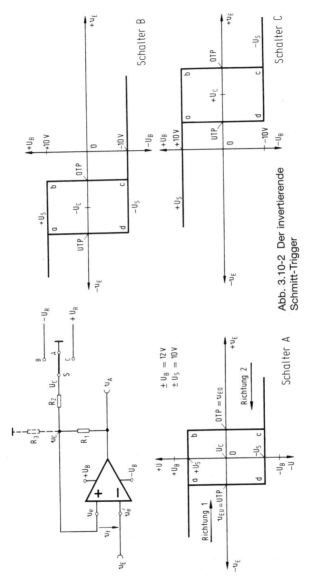

Abb. 3.10-2 Der invertierende Schmitt-Trigger

153

+3 V, so ist $U_A = 0$ V. Der Wechsel von U_A ist wie folgt: Angenommen werden die Werte $u_e = 0$ und $u_A = -U_S$. Das ist in dem linken Diagramm dargestellt. Über die Widerstände R_1 und R_2 fließt der Strom $-i_A$. Somit ist u_e negativer als der Wert $+k$ von u_e'; was den Wert von $-u_A$ bestätigt. Wird jetzt die Spannung u_E positiver, so ist zunächst $u_e = 0$, wenn $i_E = -i_A$ ist. Wird durch Vergrößern von u_e der Wert $i_E > i_A$, so wird u_e positiver als u_e'. In der Praxis genügt $u_f > 50$ µV. Im Punkt OTP (oberer Triggerpunkt) springt bei der Spannung u_{EO} das Signal u_A auf $+U_S$. Über R_1 fließt der Strom $+i_A$, die Spannung wird $u_e > u_e'$.

In dem rechten Diagramm ist gezeigt, daß diese positive Vorspannung so groß ist, daß erst bei einer kleineren Spannung als $u_e = k$ im Punkt UTP (unterer Triggerpunkt) bei der Spannung u_{EU} die Ausgangslage in den negativen Wert U_S zurückspringt.

In der Praxis werden diese beiden Diagramme zusammengefaßt, was ebenfalls in der Abb. 3.10-1 dargestellt ist. Von einer negativen Spannung u_E werden über a-b-c die Kennlinien durchlaufen und von einer positiven Spannung u_E aus die Punkte c-d-a. Die Referenzspannung liegt in der Mitte zwischen UTP- und OPT-Werten. Diese Spannungsdifferenz $u_{EO} - u_{EU}$ wird Hysterese genannt.

Beispiel: $R_1 = 420$ kΩ; $R_2 = 18$ kΩ; $U_S = 10$ V; $k = 0$ (symmetrischer Fall um Null). Der Schaltzustand ist angenommen $u_A = -10$ V. Daraus folgt für die Forderung des Umschaltens mit $u_e \approx u_e'$, entsprechend $u_f \approx 0$, daß $U_{R1} = U_S = 10$ V ist. Das ist erfüllt mit

$$i_E = i_A = \frac{10 \text{ V}}{420 \text{ kΩ}} = -23{,}8 \text{ µA}.$$

Dieser Strom fließt durch R_2 bei

$$U_E = U_{R2} = i_E \cdot R_2 = 23{,}8 \text{ µA} \cdot 18 \text{ kΩ} = 440 \text{ mV}.$$

Bei $u_E > 440$ mV springt die Spannung $-u_A$ nach $+u_A$ um. Die Betrachtung von $+u_A$ nach $-u_A$ ergibt sich aus der gleichen Überlegung.

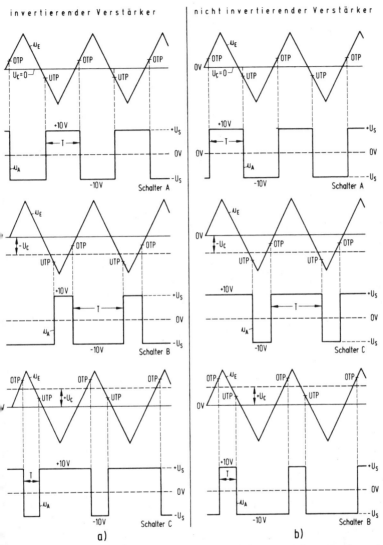

Abb. 3.10-3a Spannungsdiagramm des invertierenden Schmitt-Triggers

Abb. 3.10-3b Spannungsdiagramm des nichtinvertierenden Schmitt-Triggers

Der invertierende Schmitt-Trigger

Das Schaltbild mit Ablaufdiagramm ist in der Abb. 3.10-2 zu sehen. Beim invertierenden Schmitt-Trigger wird die Referenzspannung, hier als U_C (C = Center) bezeichnet, im allgemeinen dem nichtinvertierenden u_e-Eingang über R_2 als Teil des Mitkoppelnetzwertes zugeführt. Es ist dann mit R_i als Innenwiderstand der Referenzspannung $R_i \ll R_2$. In Sonderfällen gibt es auch die Möglichkeit, die Referenzspannung der Spannung U_E des invertierenden Eingangs zu überlagern. Die drei Schalterstellungen von S lassen drei Fälle von U_C erkennen: $U_C = 0$; $U_C = +U_R$ sowie $U_C = -U_R$. Die Lage der entsprechenden UTP- und OTP-Punkte ist aus dem gezeigten Diagramm erkenntlich. Aus der *Abb. 3.10-3a* geht hervor, wie diese beiden Triggerpunkte je nach Lage von U_C das Ausgangssignal u_A beeinflussen. Es ist ersichtlich, daß bei größer werdendem U_C die Zeit T des Rechteckausgangssignals kleiner wird.

Die Dimensionierung von R_1 und R_2 hinsichtlich des Abstandes von UTP und OTP, also der Breite der Hysterese, ist wie folgt – im Zusammenhang mit der Abb. 3.10-2:

Schaltung mit R_3:

Die wirksame Referenz u_C wird zunächst durch den Spannungsteiler

$$u_C = \frac{U_C \cdot R_3}{R_2 + R_3}$$

gebildet. Das Teilerverhältnis im Mitkoppelzweig ist

$$a = \frac{R_2 || R_3}{R_1 + R_2 || R_3}.$$

Damit wird der untere Triggerpunkt UTP $= u_C + a \cdot (-U_S)$ sowie der obere Triggerpunkt

$$OTP = u_C + a \cdot (+U_S).$$

Hysterese h $=$ OTP $-$ UTP.

Schaltung ohne R_3:

Referenzspannung $u_C = U_C$. Teilerverhältnisse der Mitkopplung

$$a = \frac{R_2}{R_1 + R_2}.$$

Damit sind die Triggerpunkte

$UTP = U_C + a \cdot (-U_S)$ sowie $OTP = U_C + a \cdot (+U_S)$.

Beispiel – 1 – mit R_3:

$\pm U_S = 10$ V; $R_2 = 4,7$ kΩ; $R_3 = 4,7$ kΩ; $R_1 = 75$ kΩ; $U_C = +8$ V.

Damit ist

$$u_C = \frac{4,7 \text{ kΩ} \cdot 8 \text{ V}}{2 \cdot 4,7 \text{ kΩ}} = 4 \text{ V}$$

sowie

$$a = \frac{4,7 || 4,7 \text{ kΩ}}{79,7 \text{ kΩ}} = 117,9 \cdot 10^{-3}.$$

Daraus folgt

$OTP = 4 \text{ V} + 117,9 \cdot 10^{-3} \cdot 10 \text{ V} = 5,179 \text{ V} = u_{EO}$;

$UTP = 4 \text{ V} + 117,9 \cdot 10^{-3} \cdot (-10 \text{ V}) = 2,821 \text{ V} = u_{EU}$.

Die Hysterese ist $u_h = u_{EO} = u_{EU} = 2,36$ V sowie der Kippunkt um u_c

$$\frac{h}{2} = \pm 1,18 \text{ V}.$$

Beispiel – 2 – ohne R_3;

$\pm U_S = 10$ V; $R_1 = 75$ kΩ; $R_2 = 4,7$ kΩ; $U_C = -4$ V $= u_C$.

Damit ist

$$a = \frac{4,7 \text{ kΩ}}{79,7 \text{ kΩ}} = 58,97 \cdot 10^{-3}.$$

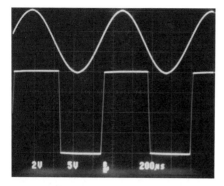

Abb. 3.10-4
Zur Erläuterung des
Schmitt-Trigger-
Prinzips: Eine Sinus-
eingangsspannung bildet
ein Rechtecksignal

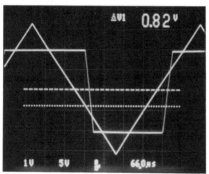

Abb. 3.10-5
Die beiden Trigger-
punkte im Oszillogramm

Daraus folgt

$$OTP = -4 \text{ V} + 58{,}97 \cdot 10^{-3} \cdot 10 \text{ V} = -3{,}41 \text{ V} = u_{EO}$$

$$UTP = -4 \text{ V} + 58{,}97 \cdot 10^{-3} \cdot (-10 \text{ V}) = -4{,}59 \text{ V} = u_{EU}.$$

Die Hysterese ist $u_h = u_{EO} - u_{EU} = -3{,}41 + 4{,}59 = 1{,}18$ V; der Kippunkt um U_C ist $\frac{h}{2} = 0{,}59$ V.

Das Oszillogramm *Abb. 3.10-4* läßt das Prinzip der Umschaltung des Schmitt-Triggers erkennen. Eine 1-kHz-Sinus-Eingangsspannung bildet beim Durchschalten ein symmetrisches Rechtecksignal. Die Spannung U_C ist hier Null. Das Oszillogramm *Abb. 3.10-5* zeigt die Umschaltpunkte OTP und UTP genauer. Die Meßdaten sind hier: Nichtinvertierender Schmitt-Trigger:

$U_C = -0,17$ V; OTP $= +0,48$ V; UTP $= -0,82$ V; Hysterese $u_h = 1,30$ V.

Die beiden Triggerpunkte sind im Oszillogramm auf zwei vertikalen Meßrasterlinien des Rechtsignales in bezug auf das Dreieckeingangssignal zu finden.

Der nichtinvertierende Schmitt-Trigger

Das Schaltbild mit dem Ablaufdiagramm ist der Abb. 3.10-1 und 3.10-6 zu entnehmen. Beim nichtinvertierenden Schmitt-Trigger wird die Referenzspannung im allgemeinen dem invertierenden Eingang u_e' zugeführt. Das ist mit dem Schalter S für die Möglichkeiten $U_C = 0$, $U_C = +U_R$ und $U_C = -U_R$ gezeigt. (R = Referenz als Index.) Die Erläuterungen zur Funktion des nichtinvertierenden Schmitt-Triggers sind den Erklärungen zur Abb. 3.10-1 zu entnehmen. Das Eingangssignal wird über R_2 dem Eingang u_e zugeführt. Für die Berechnung der Schaltung ist für den Innenwiderstand des steuernden Generators $R_1 \ll R_2$ zu fordern. Die Lage der UTP- und OTP-Punkte ist aus der Abb. 3.10-5 zu entnehmen (siehe dazu auch Abb. 3.10-1 sowie 3.10-3 und 3.10-6). Aus der *Abb. 3.10-3b* geht hervor, wie diese beiden Triggerpunkte je nach Lage von U_C das Ausgangssignal u_A beeinflussen. Es ist auch hier wieder ersichtlich, daß bei größer werdender Triggerschwelle U_C die Zeit T des Rechteckausgangssignales kleiner wird. Im Zusammenhang mit der Abb. 3.10-5 werden die Einzelwerte folgendermaßen bestimmt.

Referenzspannung: Diese ist $u_C = U_C$ ohne den angedeuteten Teiler R_4 und R_5. Wird der Teiler benutzt, so ist die Mittenspannung

$$u_C = \frac{R_5 \cdot U_C}{R_4 + R_5}.$$

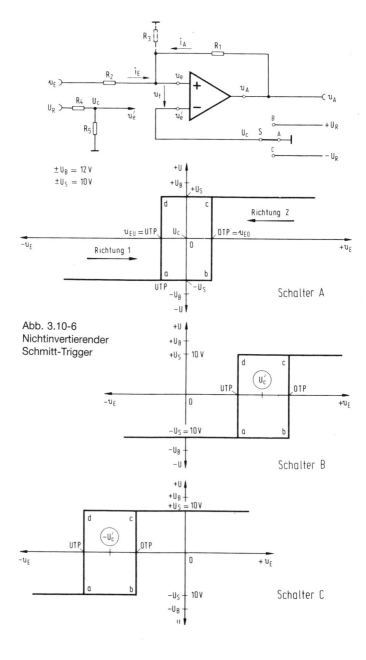

$\pm U_B = 12\,V$
$\pm U_S = 10\,V$

Schalter A

Abb. 3.10-6
Nichtinvertierender
Schmitt-Trigger

Schalter B

Schalter C

Ohne R_3 mit der Schalterstellung S auf A, also $u_e' = 0$,
ist $u_E = i_E \cdot R_2$ im Umschaltpunkt für $u_f \approx 0$ V. Weiter ist dann

$u_A = i_A \cdot R_1 = -i_E \cdot R_1$; eingesetzt ist

$$u_E = - \frac{u_A \cdot R_1}{R_2}, \text{ wobei } u_A = \pm U_S \text{ ist.}$$

Für den oberen Triggerpunkt ist dann

$$OTP = +U_S \cdot \frac{R_1}{R_2} \text{ aus } OTP = (-U_S) \cdot \left(- \frac{R_1}{R_2}\right)$$

und für den unteren Punkt wird

$$UTP = -U_S \cdot \frac{R_1}{R_2} \text{ aus } UTP = +U_S \cdot \left(- \frac{R_1}{R_2}\right).$$

Mit R_3 ist entsprechend

$$OTP = +U_S \cdot \frac{R_1}{R_2 || R_3} \text{ sowie } UTP = -U_S \cdot \frac{R_1}{R_2 || R_3}.$$

Wird der Schalter S in Abb. 3.10-6 auf $+U_R$ oder $-U_R$ gestellt, so
wird der Triggerpegel entsprechend den gezeigten Diagrammen
verschoben.

Die wirksame Spannung U_C – Mittenspannung des Hystersebe-
reiches – wird zunächst durch die Größe von u_C bestimmt; entsprechend der vorherigen Formel mit $u_C = U_C'$, oder mit R_4 und
R_5 ist

$$u_C = \frac{U_C \cdot R_5}{R_4 + R_5}.$$

Durch den Spannungsteiler R_1 und R_2 wird u_C auf den Eingang u_e
wirksam als Vorspannung

$$U_C' = u_C \cdot \left(1 + \frac{R_2}{R_1}\right)$$

– siehe dazu die unteren Diagramme in Abb. 3.10-6. Die beiden
Spannungen für u_{EU} (UTP) und u_{EO} (OTP) liegen symmetrisch

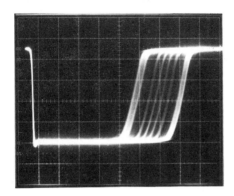

Abb. 3.10-7
Operationsverstärker,
die kompensiert
werden müssen,
neigen zu
Unstabilitäten bei
steilen Schaltflanken

um U'_C. Somit ist

$$OTP = U'_C + \frac{R_2 \cdot (+U_S)}{R_1} \text{ sowie } UTP = U'_C + \frac{R_2 \cdot (-U_S)}{R_1}.$$

Beispiel: in der Abb. 3.10-6 ist $R_1 = 75$ kΩ; $R_2 = 4{,}7$ kΩ, $\pm U_S = 10$ V sowie $+U_R = +8$ V $= U_C$ mit dem Teiler $R_4 = R_5 = 4{,}7$ kΩ.

Zunächst ist

$$u_C = \frac{8 \text{ V} \cdot 4{,}7 \text{ kΩ}}{2 \cdot 4{,}7 \text{ kΩ}} = 4 \text{ V}.$$

Dann ist

$$U'_C = 4 \text{ V} \cdot \left(1 + \frac{4{,}7 \text{ kΩ}}{75 \text{ kΩ}}\right) = 4{,}25 \text{ V}.$$

Daraus errechnen sich die beiden Triggerpunkte zu

$$u_{EO} = OTP = 4{,}25 \text{ V} + \frac{4{,}7 \text{ kΩ} \cdot 10 \text{ V}}{75 \text{ kΩ}} = 4{,}88 \text{ V sowie}$$

$$u_{EU} = UTP = 4{,}25 \text{ V} - \frac{4{,}7 \text{ kΩ} \cdot 10 \text{ V}}{75 \text{ kΩ}} = 3{,}622 \text{ V}.$$

Der Wert der Hysterese beträgt dann $u_h = 1{,}29$ V.

162

Die Slew rate beim Schmitt-Trigger

Die maximale Anstiegsgeschwindigkeit der Umschaltflanke von $+U_S$ nach $-U_S$ entspricht der Slew rate des betreffenden OP. Es ist deshalb beim Schaltungsentwurf zu überlegen, ob ein Standard-OP mit SR < 1 V/μs ausreicht oder schnelle Typen mit SR > 20 V/μs eingesetzt werden müssen. Das ist auch eine Frage der oberen Steuerfrequenz.

Das Oszillogramm *Abb. 3.10-8* läßt bei einem 10-kHz-Eingangssignal erkennen, daß das Ausgangssignal nicht mehr rechteckförmig verläuft. Die Flanken entsprechen der OP-SR-Steigung von $\approx 0,8$ V/μs ($f_c = 10$ kHz). Bei einer Steuerfrequenz von 15 kHz – siehe Oszillogramm *Abb. 3.10-9* ist zu erkennen, daß die Spannung u_A dem Dreieckverlauf von u_E entspricht.

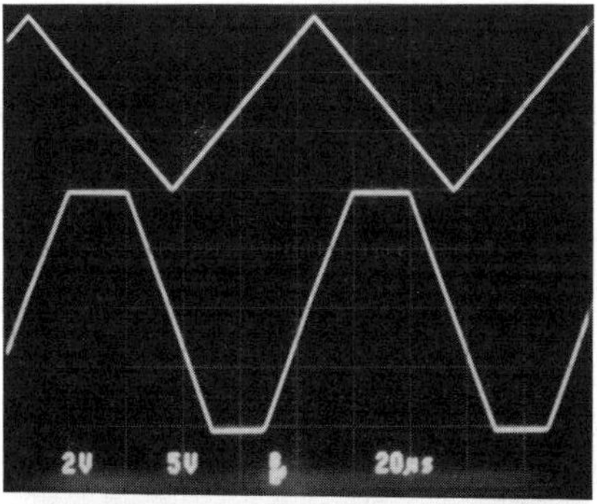

Abb. 3.10-8
Die Slew rate
beeinflußt das
Ausgangssignal
f = 10 kHz;
SR = 0,8 V/μs

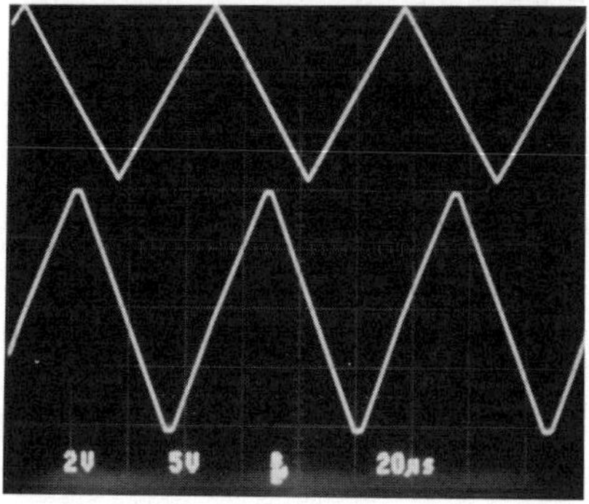

Abb. 3.10-9
Bei zu hoher
Steuerfrequenz
entspricht das
Ausgangssignal
nicht mehr der
Rechteckform

3.11 Erweiterung der Ausgangsleistung

Standard-OPs erreichen Ausgangsleistungen bis ca. 0,5 Watt. Wird eine höhere Ausgangsleistung benötigt, so geschieht das durch eine Zuschaltung eines entsprechenden Leistungstransistors am Ausgang.

Leistungserweiterung durch einen Emitterfolger

Die Schaltung hierzu ist in der *Abb. 3.11-1* zu finden. Der Gegenkoppelzweig mit R_1 wird am Ausgang des Transistors – hier Emitter – angeschlossen. Es ist sinnvoll, diese Schaltung immer unter Last zu betreiben. Hier mit $R_3 = 1$ kΩ. Der Ausgangspunkt A, Basis von T, liegt immer um +0,6 V positiver als das Potential u_e. Die Ausgangsleistung richtet sich nach der Wahl von T. Bei Darlingtontransistoren können erhebliche Leistungen erzielt werden. Zu beachten ist in allen Fällen, daß der maximale Basisstrom von T den Wert des maximalen Ausgangsstroms des OP nicht überschreitet; in der Praxis <20 mA.

Leistungserweiterung durch eine Komplementärendstufe

Das Prinzip mit einem NPN- und PNP-Transistor ist in der *Abb. 3.11-2* dargestellt. Das Gleichspannungsausgangspotential u_A entspricht dem Gleichspannungspotential am Eingang. Anders als beim Emitterfolger treten im Bereich sehr kleiner Spannungen

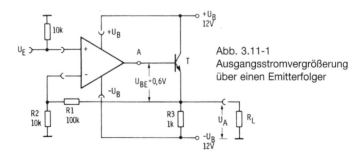

Abb. 3.11-1
Ausgangsstromvergrößerung über einen Emitterfolger

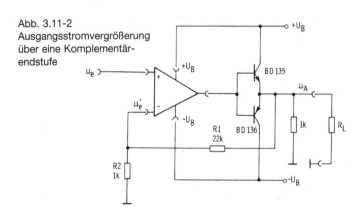

Abb. 3.11-2
Ausgangsstromvergrößerung
über eine Komplementär-
endstufe

Übernahmeverzerrungen auf. Es wird hier von der toten Zone
der Aussteuerung gesprochen. In dem Oszillogramm *Abb.*
3.11-3a liegt eine Ausgangsspannung von wenigen Millivolt vor.
Das Oszillogramm *Abb. 3.11-3b* geht bereits in den Bereich von
100 mV und das Oszillogramm *Abb. 3.11-3c* zeigt das Ausgangssignal bei einigen Volt. Hier sind die Übernahmeverzerrungen
nicht mehr zu erkennen. Das Oszillogramm *Abb. 3.11-3d* läßt ein
kleines Ausgangssignal mit seinen Verzerrungen und darunter
den entsprechenden Oberwellengehalt ($K = 10\%$) sehen. Eine
Abhilfe ist möglich nach *Abb. 3.11-4* durch das Vorspan-
nen beider Transistoren mit der in Abb. 3.11-2 fehlenden
$U_{BE} = 0,6$ V. Diese Vorspannung erfolgt durch die Dioden D 1
und D 2, wobei die 10-kΩ-Widerstände die Diodenspannungen U_D
bewirken. Über die 0,1-Ω-Widerstände im Ausgangskreis wird
eine Strombegrenzung für T 1 und T 2 durchgeführt. Die Dioden
sollten thermisch Kontakt mit den Transistoren haben. Die
genauere Schaltungstechnik ist in der *Abb. 3.11-5a* und *b* gezeigt.

Die Abb. 3.11-5a und b veranschaulichen die Gleichspannungs-
und Gleichstromeinstellungen. Bei einer Endstufe nach Abb.
3.11-5a ist eine Spannung von ca. 0,9...1,2 V erforderlich, um die
„tote Zone" der Aussteuerung zu überwinden. Diese genannte

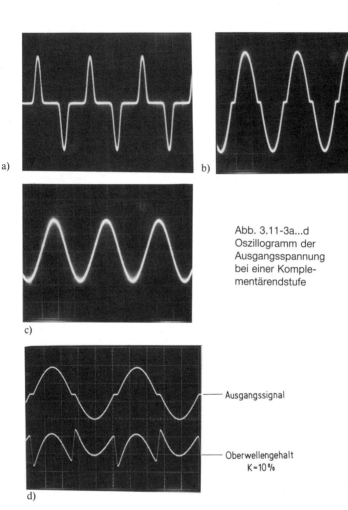

a)

b)

Abb. 3.11-3a...d
Oszillogramm der
Ausgangsspannung
bei einer Komple-
mentärendstufe

c)

Ausgangssignal

Oberwellengehalt
K = 10 %

d)

Spannung zwischen ca. 0,9 V und 1,2 V wird durch die Dioden
D 1 und D 2 erzeugt, die in thermischer Verkopplung mit dem
Gehäuse der Leistungstransistoren liegen müssen. Die Summe

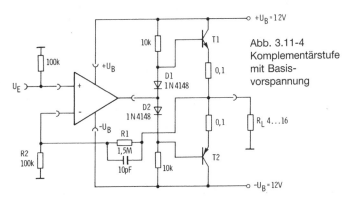

Abb. 3.11-4
Komplementärstufe
mit Basis-
vorspannung

beider Diodenspannungen, also 0,9...1,2 V, bestimmen den Ruhestrom I_R. Dieser sollte auf folgende Werte eingestellt werden:

I_R	Leistung der Transistoren
1...2 mA	300 mW
5 mA	1 W
15 mA	10 W
50 mA	30 W
0,1 A	60 W

Dieser Ruhestrom wird im wesentlichen durch die Wahl der Dioden D 1 und D 2 und der Widerstände R_1 und R_2 bestimmt. Wichtig ist, daß die Widerstände R_1 und R_2 möglichst gleich groß sind, damit die Spannung an Punkt E der Spannung am Ausgang des OP (0 V) entspricht. Zur Messung des Ruhestroms kann ein Milli-Amperemeter in die Kollektorleitung von T 1 oder T 2 geschaltet werden. Die Größe von R_1 und R_2 ist außer von den verwendeten Dioden und dem benötigten Ruhestrom ebenfalls noch entscheidend von der Höhe der Betriebsspannung abhängig. In bestimmten Grenzen kann der Ruhestrom mit P eingestellt werden. Der Trimmwiderstand P sollte eine Größe von ca. 50 % von R_1 aufweisen. Soll R_1 z. B. 4,7 kΩ für den ersten Versuch

167

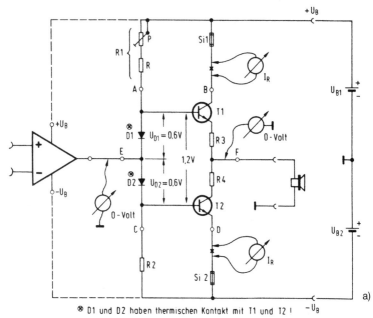

⊗ D1 und D2 haben thermischen Kontakt mit T1 und T2 !

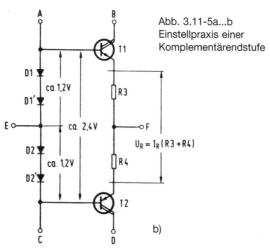

Abb. 3.11-5a...b
Einstellpraxis einer
Komplementärendstufe

$$U_R = I_R (R3 + R4)$$

sein, so wird R mit ca. 2,7 kΩ und P mit ca. 2 kΩ gewählt. Ist jetzt durch das Potentiometer P der Ruhestrom eingestellt, so wird der sich tatsächlich ergebende Widerstandswert aus R und P gemessen. Dieser Wert soll ebenfalls als R_2 eingebaut werden.

Die Gleichspannungen an Punkt E und F betragen ca. 0 V. Besonders die Spannung an Punkt F zeigt mit 0 V eine symmetrische Einstellung der Endstufe an. Die Widerstände R_3 und R_4 werden je nach Leistung der Endstufe gewählt. Bei einer leistungsstarken Darlington-Endstufe betragen sie ca. 0,1 Ω, bei Transistoren kleinerer Leistung bis 3 Ω. Sie sind für die Funktion der Schaltung nicht erforderlich, bieten jedoch einen zusätzlichen Schutz der Endtransistoren gegen thermische Stromüberlastung.

Die Abb. 3.11-5b zeigt die Schaltung mit vier Dioden für den Fall, daß die Schaltung mit einem Darlingtontransistor betrieben wird. Für die Ruhestromeinstellungen gilt das gleiche wie für Abb. 3.11-5a. Um einer Wärmedrift des Ruhestroms entgegenzuwirken, ist zu empfehlen, die Dioden in thermische Kopplung mit den Transistorgehäusen (Kühlblech) zu bringen.

Eine Erweiterung der Schaltung Abb. 3.11-4 besteht darin, vor der Leistungskomplementärendstufe noch eine solche als Treiberstufe anzuordnen. Das ist in der *Abb. 3.11-6* zu sehen. Die

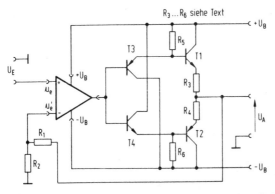

Abb. 3.11-6 Komplementärendstufe mit komplementären Treibern

Transistoren T 1 und T 2 bilden den Leistungsausgang und die Transistoren T 3 und T 4 die Treiberstufe. Die „tote Zone" wird durch die gegensinnigen NPN-PNP-Vorspannungen der Treibertransistoren aufgehoben. Die Widerstände R_5 und R_6 werden in Abhängigkeit von $\pm U_B$ so gewählt, daß durch T 3 und T 4 ein Emitterstrom von ca. 1 mA fließt. Die Größe von R_3 und R_4 ist wie vorher beschrieben zu wählen.

Phasenumkehrstufe

Werden aus einem Steuersignal zwei gegenphasige Ausgangssignale benötigt, so kann die Schaltung der *Abb. 3.11-7* gewählt werden. Siehe dazu auch das Spannungsdiagramm der *Abb. 3.11-8*. Für den OP 1 ist

$$V_{u1} = 1 + \frac{R_1}{R_2} \text{ sowie für OP 2 } V_{u2} = \frac{R_3}{R_4}.$$

Im gewählten Fall ist die Verstärkung mit $V_{u1} = V_{u2} \approx 10$ angenommen. Die Schaltung macht für den Einsatz im Meßbe-

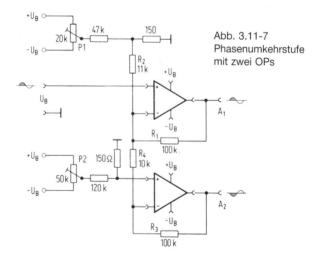

Abb. 3.11-7
Phasenumkehrstufe
mit zwei OPs

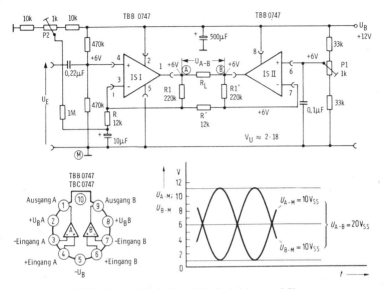

Abb. 3.11-8 OP-Gegentaktschaltung für die Leistungserhöhung

reich einen Offsetabgleich erforderlich. Dazu wird mit P 1 die Ausgangsspannung A_1 auf Null gestellt und mit P 2 die Spannung am Ausgang A_2 von OP 2. Soll von dieser Schaltung wieder ein Einzelausgang erzielt werden, so kann ein Differenzverstärker benutzt werden. Die Schaltung der Abb. 3.11-7 eignet sich für Meßverstärker bei kleinen Eingangsspannungen, oder wenn bei gegebener Betriebsspannung eine gegenphasige Ausgangsspannung mit doppelter Amplitude benötigt wird.

Leistungserhöhung durch eine Gegentaktstufe

Ähnlich der Abb. 3.11-7 kann die Schaltung Abb. 3.11-8 benutzt werden, wenn nur eine geringe Speisespannung zur Verfügung steht und eine höhere Ausgangsleistung gefordert wird. Aus dem Spannungsdiagramm der Abb. 3.11-8 geht hervor, daß die einzel-

171

nen OPs am Ausgang die Spannungen U_{AM} resp. U_{BM} aufweisen. Wird bei $U_B = 12$ V eine Sättigungsspannung von je 1 V angenommen, so ist der Aussteuerbereich für jeden Ausgang ca. 10 V_{ss} gegen Masse – Punkt M – gemessen. Da die Spannungen U_{AM} und U_{BM} gegenphasig sind, hat die Spannung zwischen den Ausgängen A und B der beiden OPs den doppelten Wert. Bei gleichbleibendem Lastwiderstand ergibt sich aus

$$P = \frac{U^2}{R}$$

bei Verdopplung der Ausgangsspannung die vierfach mögliche Ausgangsleistung. Wird eine derartige Schaltung z. B. im NF-Bereich mit $U_B = 12$ V betrieben, so kann der Ausgang für höhere Ströme nach Abb. 3.11-6 mit den Transistoren T 1...T 4 für jeden OP getrennt erweitert werden.

3.12 Spannungs- und Stromkonstanterschaltungen mit dem OP

Mit dem OP lassen sich mit wenigen externen Bauelementen hochkonstante Spannungs- und Stromkonstanter aufbauen. Diese Schaltungen können sowohl im Labor als Spannungsquellen als auch in Schaltungsaufbauten für spezielle Spannungsversorgungen herangezogen werden.

Referenzspannungsquellen und regelbare Spannungsquellen

Bei den Referenzquellen wird der OP als nichtinvertierender Leitungstreiber mit $V_u = 1$ eingesetzt. Es können so hochstabile Referenzquellen – Quecksilberelemente usw. – benutzt werden, um am Ausgang genaue Spannungen mit relativ hohen Ausgangsströmen (20 mA) zur Verfügung zu haben. Diese Spannungsquellen sind extrem niederohmig, sie entsprechen dem Wert der Referenzquelle. Stromerweiterungen sind möglich, wenn der

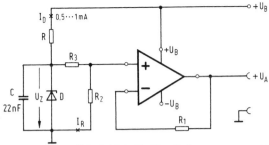

Abb. 3.12-1 Positive Referenzspannungsquelle

Ausgang durch Leistungstransistoren erweitert wird. Als einfaches Beispiel sei der Ermitterfolger genannt.

Folgende Prinzipschaltungen sind möglich:

Abb. 3.12-1 –
Schaltung für eine programmierbare, positive Ausgangsspannung:

Als Referenzspannung dient die Zenerspannung der Diode. Es können hier hochstabile Zenerdioden eingesetzt werden; z. B. der Typ 1 N 3502 mit dem T_K von 0,0005 %/$_K$. Die Höhe der Ausgangsspannung U_A wird durch das Teilerverhältnis R_2 und R_3 bestimmt. Der Widerstand R bestimmt die Größe des Diodenstroms. Der Zenerstrom wird in diesen Schaltungen auf 0,5 bis 1,5 mA eingestellt. Die Größe der Ausgangsspannung ist

$$U_A = \frac{U_Z \cdot R_2}{R_2 + R_3}.$$

Der Kondensator C dient dem Kurzschluß der Rauschspannung der Zenerdiode. Der Widerstand R_1 wird so gewählt, daß der dem Wert der Parallelschaltung von R_2 und R_3 entspricht, um den Offseteinfluß des OP gering zu halten. Es ist $R_1 = R_2 || R_3$. Die Summe von R_2 und R_3 ist so zu wählen, daß der Querstrom $I_R \ll 200$ µA ist. Bei einer 7-V-Referenzspannung ist somit

$$R_2 + R_3 \geqq \frac{7 \text{ V}}{0,2 \text{ mA}} = 35 \text{ k}\Omega.$$

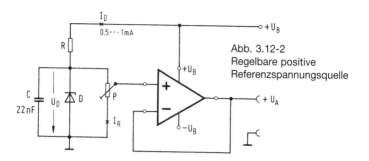

Abb. 3.12-2
Regelbare positive
Referenzspannungsquelle

Abb. 3.12-2 –

Schaltung für eine regelbare positive Ausgangsspannung:

Die Schaltung entspricht im Prinzip der Abb. 3.12-1, was auch für die Dimensionierung der Bauelemente gilt. Mit dem Potentiometer P ist eine Regelung der Ausgangsspannung von $U_A = 0\ V...+U_Z$ möglich.

Abb. 3.12-3 –

Schaltung für eine programmierbare negative Spannung:

Wird dem nichtinvertierenden Eingang eine durch R_2 und R_3 gewählte negative Spannung zugeführt, so entsteht am Ausgang eine Spannung gleicher Größe und Polarität. Die Berechnung der einzelnen Bauelemente entspricht denen der Abb. 3.12-1.

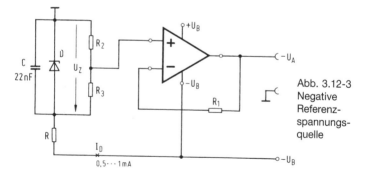

Abb. 3.12-3
Negative
Referenz-
spannungs-
quelle

174

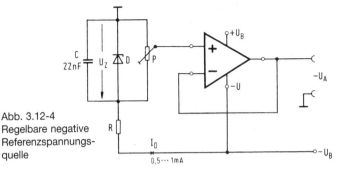

Abb. 3.12-4
Regelbare negative
Referenzspannungs-
quelle

Abb. 3.12-4 –
Schaltung für eine regelbare negative Ausgangsspannung:

Die mit dem Potentiometer P einstellbare Spannung ergibt am
Ausgang eine Spannung von $-U_A = 0\,V...U_Z$.

Abb. 3.12-5 – Wählbare Ausgangsspannung
durch Einfügen einer Gegenkopplung:

Wird dem Eingang u_e eine feste positive oder negative Referenzspannung zugeführt, so ist die Ausgangsspannung von der Größe
von R_1 und R_2 abhängig. Es ist

$$U_A = U_Z \cdot \left(1 + \frac{R_1}{R_2}\right).$$

Durch die Wahl von R_1 und R_2 kann U_A größer als U_Z gewählt
werden.

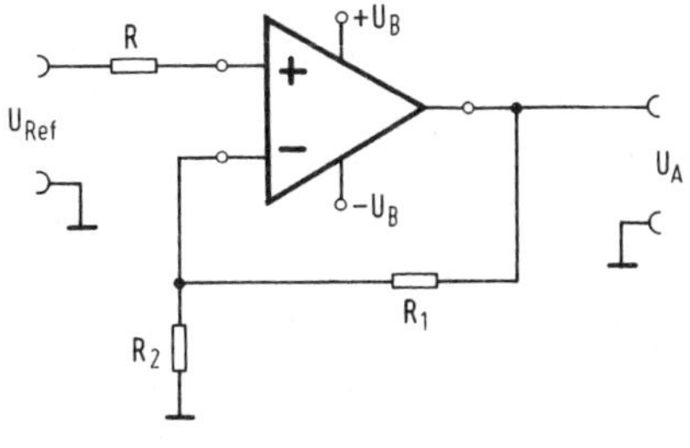

Abb. 3.12-5 Änderung der
Referenzspannung über
die Gegenkopplung

Beispiel: $U_Z = 6$ V; $R_1 = 100$ kΩ; $R_2 = 82$ kΩ. Dann ist

$$U_A = 6 \text{ V} \cdot \left(1 + \frac{100 \text{ k}\Omega}{82 \text{ k}\Omega}\right) = 7{,}22 \text{ V}.$$

Mit $R_1 = 82$ kΩ und $R_2 = 100$ kΩ ist

$$U_A = 6 \text{ V} \cdot \left(1 + \frac{82 \text{ k}\Omega}{100 \text{ k}\Omega}\right) = 6{,}82 \text{ V}.$$

Der Widerstand R wird wieder in seinem Wert mit $R = R_1 \| R_2$ gewählt, um den Offseteinfluß gering zu halten.

Abb. 3.-12.6 – Hochgenaue Ausgangsspannung durch Wahl einer Referenzspannungsquelle:

Hier ist anstelle der Zenerspannung eine sehr genaue Spannungsquelle eingefügt, wobei die Ausgangsspannung wieder mit der Wahl von R_1 und R_2 beeinflußt werden kann. Auch hier wird der Widerstand $R = R_1 \| R_2$ gewählt. Es werden Metallfilmwiderstände mit kleinem Temperaturkoeffizienten eingesetzt. Eine Offsetregelung – die auch für das Einpegeln genauer Ausgangswerte benutzt werden kann – wird über das Potentiometer P erreicht. In dem hier gewählten Beispiel ist

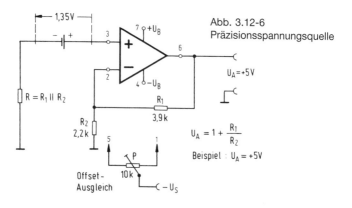

Abb. 3.12-6
Präzisionsspannungsquelle

$U_A = +5V$

$U_A = 1 + \dfrac{R_1}{R_2}$

Beispiel : $U_A = +5V$

$$U_A = 1{,}35 \text{ V} \cdot \left(1 + \frac{3{,}9 \text{ k}\Omega}{2{,}2 \text{ k}\Omega}\right) = 3{,}12 \text{ V}.$$

Abb. 3.12-7 – Positiv und negativ regelbare Spannungsquelle:

Hier sind zwei feste Referenzpunkte mit $+U_Z$ und $-U_Z$ durch die Dioden D 1 und D 2 gegeben. Mit dem Potentiometer P ist es möglich, die Ausgangsspannung U_A zwischen diesen beiden Pegeln einzustellen.

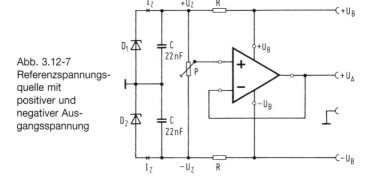

Abb. 3.12-7
Referenzspannungs-
quelle mit
positiver und
negativer Aus-
gangsspannung

Abb. 3.12-8 – Invertierende Referenzquelle:

Hier wird die Referenzspannung U_Z dem invertierenden Eingang u_e' zugeführt. Ist diese $-4{,}7$ V, so ist die Spannung U_A grundsätzlich positiv. Ihr genauer Wert ist wieder von dem Verhältnis R_1 und R_2 abhängig, wobei in diesem Beispiel ein Teil von R_1 regelbar gemacht wurde. Es ist

$$U_A = -U_Z \cdot \left(\frac{R_1}{R_2}\right).$$

Ist z. B. $R_1 = 36$ kΩ und $R_2 = 18$ kΩ, so wird

$$U_A = 4{,}7 \text{ V} \cdot \left(\frac{36 \text{ k}\Omega}{18 \text{ k}\Omega}\right) = +9{,}4 \text{ V}.$$

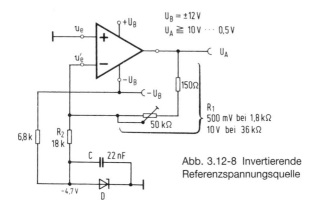

$U_B = \pm 12\,V$
$U_A \gtreqqless 10\,V \cdots 0,5\,V$

Abb. 3.12-8 Invertierende
Referenzspannungsquelle

Die Grenze der Regelung ist durch die positive Sättigungsspannung gegeben. Diese Schaltung kann zur Gewinnung einer negativen Spannung U_A entsprechend geändert werden, indem die Referenzspannung positiv gewählt wird.

Abb. 3.12-9 – Feste, hochkonstante Ausgangsspannung:

In dieser Schaltung wird die Erzeugung der Referenzspannung von der konstant gehaltenen Ausgangsspannung abgeleitet. Es

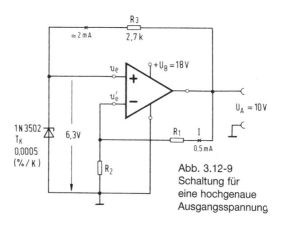

Abb. 3.12-9
Schaltung für
eine hochgenaue
Ausgangsspannung

178

wird eine Zenerdiode mit kleinem T_K (1 N 3502) gewählt. Es ist wieder $R = R_1 \| R_2$. Die Ausgangsspannung ist

$$U_A = U_Z \cdot \left(1 + \frac{R_1}{R_2}\right).$$

Soll eine vorgegebene Ausgangsspannung erreicht werden, so lassen sich die Widerstände R_1 und R_2 so bestimmen, daß ein fester Querstrom angenommen wird.

Beispiel: $U_Z = 6{,}3$ V; $U_A = 10$ V; $I = 0{,}5$ mA. Dann ist

$$R_1 = \frac{U_A - U_Z}{I} \text{ sowie } R_2 \frac{U_Z}{I}.$$

Mit den obigen Werten wird $R_1 = \dfrac{10 \text{ V} - 6{,}3 \text{ V}}{500 \text{ } \mu\text{A}} = 7{,}4 \text{ k}\Omega$

und $R_2 = \dfrac{6{,}3 \text{ V}}{500 \text{ } \mu\text{A}} = 12{,}6 \text{ k}\Omega$.

Das wird bestätigt durch

$$U_A = 6{,}3 \text{ V} \cdot \left(1 + \frac{7{,}4 \text{ k}\Omega}{12{,}6 \text{ k}\Omega}\right) = 10 \text{ V}.$$

Konstantstromquellen und regelbare Stromquellen

In den *Abb. 3.12-10a* und *b* ist das Grundprinzip des Konstant-stromgenerators mit dem OP gezeigt. Die Abb. a bildet eine Schaltung für den nichtinvertierenden, während die Abb. b die Schaltung für den invertierenden Betrieb darstellt. Je nach gewünschter Stromrichtung ist die Schaltung a oder b zu wählen. Beiden Schaltungen haftet das Problem an, daß der Lastwider-stand beidseitig auf einem schwebenden Potential liegt. Die Größe des Konstantstromes ist in beiden Fällen

$$I_K = \frac{U_A - U_E}{R_L} = \frac{U_E}{R_2}.$$

Beispiel: $U_E = 2$ V; $R_2 = 1 \text{ k}\Omega$. Damit ist $I_K = 2$ mA.

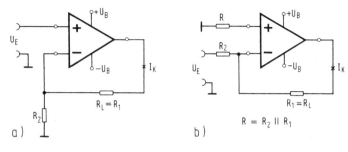

Abb. 3.12-10 a+b Invertierende (b) oder nichtinvertierende (a) Spannungsquelle

Die Grenzen von R_L sind für den maximalen Wert für eine Sättigungsspannung von $U_A \approx U_B - 2$ V dann mit $U_B = 12$ V

$$R_L = \frac{(U_B - 2 \text{ V}) - U_E}{I_K} = \frac{12 \text{ V} - 2 \text{ V} - 2 \text{ V}}{2 \text{ mA}} = 4000 \ \Omega.$$

Konstantstrom mit Lastwiderstand an Masse, Abb. 3.12-11

Die Schaltung Abb. 3.12.11 zeigt das Prinzip. Hat der Transistor eine hohe Stromverstärkung $B > 200$, so ist $I_E \approx I_C$. Der Strom durch R ist

$$I = \frac{+U_B - U_E}{R};$$

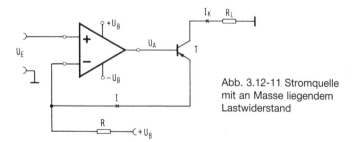

Abb. 3.12-11 Stromquelle mit an Masse liegendem Lastwiderstand

180

da jetzt $I \approx I_K$ ist, entspricht dieser Strom dem Laststrom durch R_L. Die maximale Grenze von R_L wird wie folgt bestimmt: Für U_E ist eine Minimalgrenze festzulegen, die einer Ausgangsspannung von ca. +2 V entsprechen sollte, damit der Transistor noch im linearen Kennlinienfeld arbeiten kann. Für diese Spannung muß

$$R_L \leqq \frac{2\,V}{I_K} \text{ sein.}$$

Beispiel: Ist $I = 600\ \mu A$, so muß $R_L \leqq \dfrac{2\,V}{0,6\ mA} = 3,3\ k\Omega$ sein.

Lastwiderstand im Ausgangskreis des OP, Abb. 3.12-12

In der Abb. 3.12-12 ist der Wert von I_K wie folgt zu ermitteln: Zunächst ist

$$I_2 = \frac{U_{R_2}}{U_2} \approx \frac{U_E}{R_2}. \text{ Weiter ist } I_2 \approx I_1 \text{ sowie } I_K = I_1 + I_3. \text{ Da}$$

$$I_3 = \frac{U_{R_3}}{R_3} \text{ ist, wird } I_K = \frac{U_E}{R_2} + \frac{U_{R_3}}{R_3} .$$

Mit $U_{R_3} = U_{R_2} + U_{R_1}$ wird schließlich mit $U_E \approx U_{R_2}$ dann

$$I_K = \frac{U_E}{R_2} + \frac{U_{R_1} + U_E}{R_3}; \text{ sowie mit } I_2 \approx I_1$$

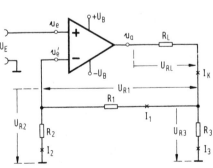

Abb. 3.12-12
Durch Gegen-
kopplung änderbare
Stromquelle

181

$$I_K = I_2 + \frac{I_2 \cdot R_1 + I_2 \cdot R_2}{R_3} = I_2 \cdot \left(1 + \frac{R_1 + R_2}{R_3}\right) \text{ und mit}$$

$$I_2 \approx \frac{U_E}{R_2} \text{ ist } I_K = U_E \cdot \left(\frac{R_1 + R_2 + R_3}{R_2 \cdot R_3}\right).$$

Es ist darauf zu achten, daß die Ausgangsspannung $u_a \leqq U_B - 2$ V bleibt. Dadurch wird die Größe von R_L eingeschränkt. Mit $I_3 \approx I_K \gg I_1$, was in der Praxis der Fall ist, wird

$$u_a = U_{R_L} + U_{R_3} \leqq U_B.$$

Die Größe von u_a ist durch den Strom I_K wie folgt festgelegt:

$$u_a = I_K (R_L + R_3) \leqq U_B - 2 \text{ V}.$$

Somit ist $R_L \leqq \dfrac{u_a}{I_K} - R_1$

zu wählen. Mit $I_1 \ll I_3$ kann auch I_3 als Konstantstrom betrachtet werden mit R_3 als R_L.
Beispiel: $R_3 = 1$ kΩ; $R_2 = 30$ kΩ; $R_1 = 20$ kΩ; $U_E = 1$ V; $U_B = 12$ V. Dann ist

$$I_K = 1 \text{ V} \cdot \left(\frac{1 \text{ kΩ} + 30 \text{ kΩ} + 20 \text{ kΩ}}{30 \text{ kΩ} \cdot 1 \text{ kΩ}}\right) = 1{,}7 \text{ mA}.$$

Mit $U_B = 12$ V muß $u_a \leqq 10$ V sein. Demnach darf R_L nicht größer sein als:

$$R_L \leqq \frac{10 \text{ V}}{1{,}7 \text{ mA}} - 1 \text{ kΩ} = 4{,}88 \text{ kΩ}.$$

Konstantstromquelle für eine Ohmmeßschaltung, Abb. 3.12-13

Für eine professionelle Meßtechnik wird eine Ohmwerte-Ablesung oft auf einer linearen Skala gefordert. Derartige Schaltungen setzen einen konstanten Strom voraus. der durch den Meßwiderstand R_x, Abb. 3.12-13 fließt. Je nach Wert des Widerstandes R_x fällt an ihm eine entsprechende Spannung ab, die in ihrer Größe linear der Widerstandsänderung folgt. Der Konstantstrom wird in

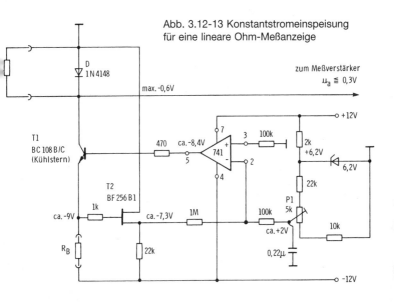

Abb. 3.12-13 Konstantstromeinspeisung
für eine lineare Ohm-Meßanzeige

dem Transistor T 1 im Kollektorkreis im Zusammenwirken mit
der Gegenkoppelschaltung des OP erzeugt. Die Größe des Kollektorstroms wird über die gewählten Bereichswiderstände R_B
eingestellt. Es können nach der folgenden Tabelle bei 7 Schaltstellungen die angegebenen Meßbereiche von 10 Ω...10 MΩ
erzielt werden.

Bereich	Endausschlag (R_x)	R_B
1	10 MΩ	100 MΩ
2	1 MΩ	10 MΩ
3	100 kΩ	1 MΩ
4	10 kΩ	100 kΩ
5	1 kΩ	10 kΩ
6	100 Ω	1 kΩ
7	10 Ω	100 Ω

183

Für den Bereich 7 ist ein Kühlstern für T 1 zu benutzen. Hier können auch bereits besonders im Bereich kleiner Widerstände Unlinearitäten durch die Neigung der Kollektor-Kennlinien bei größeren Strömen auftreten. Die Höhe des Konstantstromes des Transistors T 1 ist von seiner Spannung U_{BE} abhängig. Diese wird mit dem OP 741 erzeugt, wobei die Gegenkopplung über T 2 am Emitter von T 1 ausgekoppelt wird. Die Diode D begrenzt die Meßspannung auf $-0,6$ V bei $R_x = \infty$. Eine Eichung ist bei einem beliebigen Bereich möglich. Wichtig ist es, eng tolerierte Widerstände zu benutzen. Als Beispiel der Bereich 5 nach der vorstehenden Tabelle, also $R_B = 10$ kΩ und $R_x = 1$ kΩ (beide möglichst 0,1 %...0,5 %). Dafür wird P 1 so eingestellt, daß der Zeiger auf Endausschlag 1 steht. Es gilt dann die Skala 0...1 für alle Ohmmeßbereiche. Die Meßspannung an R_x beträgt dann ca. $-0,3$ V gegen Masse.

Stromkonstanter-Schaltungen mit Transistorausgang

In der *Abb. 3.12-14* ist eine Stromkonstanter-Schaltung mit den Transistoren T 1 und T 2 gezeigt. Diese Schaltung kann für positive Eingangsspannungen $U_E \geqq 0$ benutzt werden, während die Schaltung *Abb. 3.12-15* für negative Eingangsspannungen

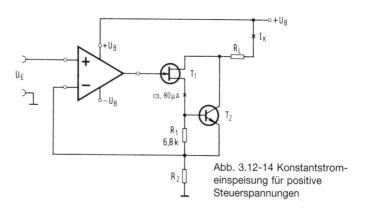

Abb. 3.12-14 Konstantstromeinspeisung für positive Steuerspannungen

184

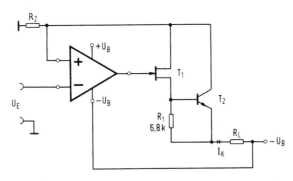

Abb. 3.12-15 Konstantstromeinspeisung für negative Steuerspannungen

$U_E \leqq 0$ gilt. Der Widerstand R_1 bestimmt den Sourcestrom und Basisstrom von T 2.

Der Widerstand R_2 bestimmt den Konstantstrom mit

$$I_K = \frac{U_E}{R_2}.$$

Bei der Dimensionierung ist darauf zu achten, daß der Konstantstrom weitaus größer ist als der Basisstrom von T 2.

4 Schaltungsbeispiele mit OPs

4.1 Mikrofonvorverstärker

Die Ausgangsspannung eines dynamischen Mikrofones beträgt so um die 3 mV und der Innenwiderstand so etwa 500 Ω. Diese Spannung von 3 mV ist zu klein, um etwa den Eingang eines NF-Verstärkers anzusteuern. Er benötigt so um die 300...500 mV.

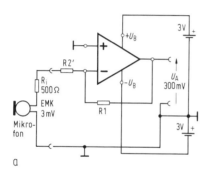

Abb. 4.1-1a
Mikrofonverstärker
mit symmetrischen
Betriebsspannungen

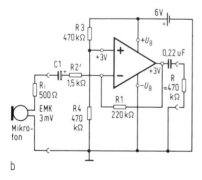

Abb. 4.1-1b
Mikrofonverstärker
mit unsymmetrischen
Betriebsspannungen

Die untere Grenzfrequenz soll hier wieder 30 Hz betragen. Nun zu der Schaltungsplanung nach *Abb. 4.1-1.*

Zunächst etwas über die Betriebsspannung. Diese braucht nun nicht 2 × 10 V groß zu sein, da nur ein Aussteuerbereich von 300 mV$_{eff}$ $\triangleq$ 850 mV$_{ss}$ benötigt wird. Bei Berücksichtigung der erforderlichen Sättigungsspannungen des Operationsverstärkers genügen in jedem Fall zwei 3-V-Quellen, entsprechend einer Betriebsspannung von 6 V. Nun zur Verstärkung: bei U$_E$ = 3 mV und U$_A$ = 300 mV ist diese

$$\frac{U_A}{U_E} = \frac{300 \text{ mV}}{3 \text{ mV}} = 100 \text{fach.}$$

Wie wir wissen, errechnet sich diese aus $V_u = \dfrac{R_1}{R_2}$

Nun ist aber im Fall der Schaltung *4.1-1a* unbedingt zu berücksichtigen, daß in Reihe mit R$_2$' der Innenwiderstand R$_i$ = 500 Ω liegt, so daß sich für die Formel R$_2$ = R$_2$' + R$_i$ ergibt. Somit sind wir in der Wahl von R$_1$ doch ziemlich frei und nehmen an, wir hätten einen 220-kΩ-Widerstand zur Hand. Demnach ist dann mit

$$V_u = \frac{R_1}{R_2} \text{ der Wert } R_2 = \frac{220 \text{ kΩ}}{100} = 2,2 \text{ kΩ}$$

groß. Für den Wert R$_2$' der Schaltung 1a ergibt sich dieser dann zu R$_2$' = 2,2 kΩ − 500 Ω = 1,7 kΩ.

Wählen wir aus der Normenreihe einen solchem von zum Beispiel 1,5 kΩ oder 1,8 kΩ. Obgleich in der Schaltung 1a die Eingangs- als auch die Ausgangsseite sehr niederohmig ist, ist eine abgeschirmte Leitung zum Mikrofon und zum Verstärker erforderlich.

Wie erläutert ist in der *Abb. 4.1-1b* die Wahl von R$_3$ und R$_4$ weitgehend frei. Wir wählen 470 kΩ. Werte von 100 kΩ...1 MΩ sind gebräuchlich. R$_1$ und R$_2$ hatten wir schon errechnet. Der Wert von C$_2$ ist mit 0,22 µF für den Eingangswiderstand des NF-Verstärkers von beispielsweise 470 kΩ hinreichend groß. Fehlt also noch der Wert von C$_1$. Hier muß wieder daran gedacht

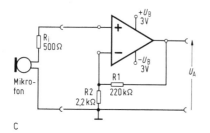

Abb. 4.1-1c
Am nichtinvertierten
Eingang ist der
Eingangswiderstand
sehr viel höher als
der Generatorwiderstand

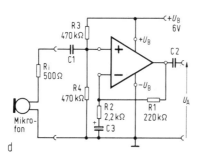

Abb. 4.1-1d
Hier sind noch C 1, C 2
und C 3 zu errechnen.
Wie, steht im Text

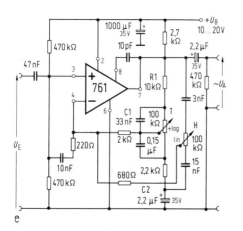

Abb. 4.1-1e
So läßt sich ein
Klangeinsteller
aufbauen

188

werden, daß R_i mit R_2' in Serie liegt, wodurch sich in unserem Beispiel ein Wert für R_2 von 2 kΩ ergibt. Somit wird dann mit

$$R_C = \frac{3}{2 \cdot \pi \cdot f \cdot C}$$

der Kondensator nach der für die untere Grenzfrequenz $f_u = 30$ Hz aufgestellten Bedingung errechnet. Es ergibt sich

$$C_1 = \frac{3}{6,28 \cdot 30 \text{ Hz} \cdot 2 \text{ kΩ}} = \frac{3}{6,28 \cdot 6 \cdot 10} \approx 8 \text{ μF.}$$

Nun, das waren die beiden Versionen mit der Ansteuerung am invertierenden Eingang. Genau genommen läßt sich bei einigem Nachdenken ein recht wichtiger Schluß daraus ziehen ...? Beispiel: Es wird nach Abb. 4.1-1a oder b ein Plattenspieler mit Kristallsystem angeschlossen. Der hat einen Innenwiderstand von etwa 50 kΩ. Mit $R_1 = 220$ kΩ (Abb. 4.1-1a oder b) ist dann nur eine vierfache Verstärkung möglich. Damit dürfte es verständlich sein, daß bei der Schaltung mit Ansteuerung am invertierenden Eingang der Eingangswiderstand der Signalquellen einen erheblichen Einfluß auf die Verstärkung des Operationsverstärkers ausübt und in jede Verstärkungsberechnung mit einbezogen werden muß.

Das wird wie gesagt nun anders bei den Schaltungen c und d, also der Ansteuerung am nichtinvertierenden Eingang. Die Schaltung nach *Abb. 4.1-1c* ist einfach zu überlegen. Der Eingangswiderstand R_E ist groß gegenüber R_i, so daß sich hier keine Spannungsteilung ergibt. Die Verstärkung ist demnach

$$V_u = 1 + \frac{R_1}{R_2} = 1 + \frac{220 \text{ kΩ}}{2,2 \text{ kΩ}} = 101\text{fach.}$$

Bei der Schaltung nach *Abb. 4.1-1d* hat sich bei der Verstärkungsbetrachtung ebenfalls keine Änderung ergeben. Jedoch müssen die Kondensatoren C_1, C_2 und C_3 errechnet werden. Für C_3 wurde schon einmal eine Rechnung mit ≈ 8 μF aufgestellt. Diese ändert

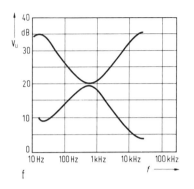

Abb. 4.1-1f
...und das sind die
Grenzen des
Einstellbereichs

sich jetzt mit dem Wert von R_2 = 2,2 kΩ – für die ganz „Genauen" unter uns zu

$$C_1 = \frac{3}{6,28 \cdot 30 \text{ Hz} \cdot 2,2 \text{ k}\Omega} \approx 8 \text{ μF.}$$

Nun kann gefragt werden: Wieso denn wieder 8 μF? Die Antwort ist recht einfach, es gibt eben nur 8-μF-Kondensatoren und keine 7,95-μF- oder 8,05-μF-Werte. Machen wir uns bei Rechnungen nicht zuviel Arbeit. Wenn bei der ersten Rechnung nach Beispiel Abb. 4.1-1b 7,96 μF erhalten werden und vorstehend die bewußten 7,23 μF, dann kann der Praktiker in beiden Fällen nichts mit den Zahlen hinter dem Komma anfangen. Er nimmt den 8-μF-Wert aus der Normenreihe, der ohnehin mit einer Toleranz von 20 % sowohl 6,4 μF als auch 9,6 μF groß sein kann.

Für den Wert von C_1 ist wiederum eine Überlegung erforderlich. Die Parallelschaltung von R_3 und R_4 ergibt 235 kΩ. Dazu parallel liegt noch R_E mit – zum Beispiel – 1 MΩ, so daß der tatsächliche Widerstandswert aller Parallelschaltungen 190 kΩ groß ist. Somit wird

$$C_1 = \frac{3}{2 \cdot \pi \cdot 30 \text{ Hz} \cdot 190 \cdot 10^3} = \frac{1}{6,28 \cdot 10 \cdot 190 \cdot 10^3} \approx 85 \text{ nF.}$$

Völlig klar, daß wir hier einen 0,1-μF-Kondensator wählen.

Der OP-AMP läßt sich in der NF-Technik jedoch auch für die Frequenzbeeinflussung – also Klangeinstellung – einsetzen. Wie das nun gemacht wird, zeigt *Abb. 4.1-1e*. Die Einstellkurve des Höhen- und des Baßreglers ist in *Abb. 4.1-1f* zu sehen. Bei Betrieb mit nur einer Spannungsquelle wird das Ausgangspotential auf $\frac{U_B}{2}$ gesetzt. Das geschieht mit den beiden Widerständen R_1 und R_2, die bei gleicher Größe die Batteriespannung halbieren. Die Batteriespannung U_B darf je nach Operationsverstärker bis zu 30 V betragen.

Die Gegenkopplung auf den invertierenden Eingang ist frequenzabhängig einstellbar gemacht. Einmal durch den Höhenregler und zum anderen durch den Tiefenregler. Mit dem Widerstand R_1 und dem Kondensator C_1 kann bei anderer Wahl dieser Bauelemente die Einstellkurve stark beeinflußt werden. Der Kondensator C_2 bestimmt im wesentlichen mit die untere Grenzfrequenz f_u. Für Gleichspannung beträgt die Verstärkung $V_u = 1$, da die volle Gegenkopplung über das Widerstandsnetzwerk der Tiefeneinstellung wirksam wird. Soll die untere Grenzfrequenz, die bei 30 Hz liegt, zu tieferen Frequenzen verschoben werden, so wird der Kondensator C_2 entsprechend größer gewählt, zum Beispiel mit 47 μF.

4.2 Verstärkungsregelung

Bislang haben wir uns darüber unterhalten, daß so ein Operationsverstärker mit seinen beiden Gegenkopplungswiderständen R_1 und R_2 eine feste Verstärkungseinstellung erhält. Nun wird aber auch oft genug die Forderung nach einer regelbaren Verstärkung gestellt. Grundsätzlich läßt sich nach *Abb. 4.2-1* nun entweder nur R_1 und R_2 oder es lassen sich beide Widerstände einstellbar machen. Das zunächst zur Theorie der Sache. Der Praktiker versucht nun, den direkten Eingriff in den Signalweg – besonders

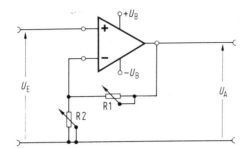

Abb. 4.2-1
Hier ist die
Verstärkung mit
R1 einstellbar

bei hochohmigen Widerständen – zu umgehen, denn dadurch ergibt sich oft genug eine Brummeinstreuung oder Frequenzbeeinflussung. Wenn aus bestimmten Gründen schon R_1 einstellbar gemacht werden muß – bitte möglichst umgehen –, dann wird die Schleiferseite an den Ausgang des Operationsverstärkers angeschlossen, da dieser Punkt vorzugsweise sehr niederohmig ist. Besser ist es jedoch, nach *Abb. 4.2-2a* und *b* vorzugehen. Diese zeigen uns die beiden möglichen Grundschaltungen mit zwei oder einer Betriebsspannungsquelle.

Die nun folgenden Überlegungen gelten auch für die Ansteuerung am invertierenden Eingang.

Bei beiden Schaltungen wird der Widerstand R_2 aufgeteilt in einen Festwiderstand R und den „Lautstärkeregler" P. Zur Dimensionierung von R und P gilt nun: zunächst wird R für die maximal erforderliche Verstärkung V_u ermittelt.

$$V_u = 1 + \frac{R_1}{R} \text{ und somit } R = \frac{R_1}{V_u - 1}.$$

Danach wird die gewünschte minimale Verstärkung V_u' für die Größe von P berücksichtigt. Es heißt dann

$$R + P = \frac{R_1}{V_u' - 1}.$$

Dafür ein Beispiel: Ein Vorverstärker soll zwischen den Verstärkungswerten $V_u = 500$ und $V_u' = 10$ einstellbar gemacht werden. Demnach wird dann mit $R_1 = 1\ M\Omega$ (frei gewählt)

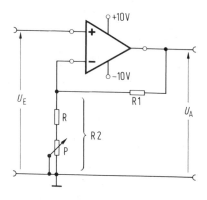

Abb. 4.2-2a, b
Zwei Grundschaltungen mit
Verstärkungseinstellungen

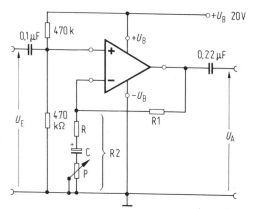

$$R = \frac{1\ k\Omega}{500 - 1} \approx 2\ k\Omega\ \text{groß.}$$

Bei $V'_u = 10$ wird die Summe aus

$$R + P = \frac{1\ M\Omega}{10 - 1} \cong 90\ k\Omega.$$

Theoretisch müßte P jetzt zwischen 90 kΩ und 2 kΩ ≙ 88 kΩ
einstellbar gewählt werden. Bei der praktischen Bauteilebeschaf-

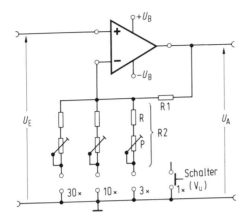

Abb. 4.2-3
Die Verstärkung
ist umschaltbar, wie
in Meßschaltungen
üblich

fung ist natürlich nur ein 100-kΩ-Potentiometer zu finden.
Der Widerstand R in Abb. 4.2-2a und b erhält dann den Wert
$R_1 = 2$ kΩ. Bei Abb. 4.2-2b ist weiter daran zu denken, daß der
Kondensator C für den Fall $P = 0$ Ω, also nur $R = 2$ kΩ
eingeschaltet, für f_u auszurechnen ist.

In Meßverstärkern, die verschiedene definierte Verstärkungen
haben sollen, wird nach *Abb. 4.2-3* verfahren. Dort werden mit
einem Mehrstufenschalter die Verstärkungswerte × 1; × 3; × 10;
× 30 eingeschaltet. Für diese Verstärkungen wird zunächst R_2
ausgerechnet. Danach wird ein um 20 % kleinerer Wert für R
eingesetzt, wobei P dann $0,5 \cdot$ R sein soll. Beispiel: Ist R_2 mit
10 kΩ ermittelt, dann wird R mit (8 kΩ) 8,2 kΩ gewählt und P mit
4,7 kΩ (5 kΩ). Die hier nicht in Klammern gesetzten Werte sind
gebräuchliche Normwerte.

Eine Verstärkungseinstellung ist jedoch auch über einen FET
möglich, solange die Spannung zwischen Drain und Source nicht
größer als etwa 500 mV ist. In diesem Gebiet verhält sich der
Drain-Source-Bahnwiderstand annähernd linear, also wie ein
ohmscher Widerstand. Dafür wurde hier die Schaltung nach
Abb. 4.2-4 ausprobiert. Der Widerstand R_2 wird aus dem

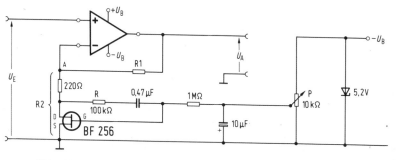

Abb. 4.2-4 Verstärkungsregelung über einen Feldeffekt-Transistor

220-Ω-Widerstand und dem Source-Drain-Widerstand R_{DS} gebildet. Dieser beträgt bei 0 V am Gate, mit P eingestellt, etwa 100 Ω. Bei -4 V ist R_{DS} größer als 500 kΩ. Somit lassen sich – fernbedienbar über P – leicht Verstärkungswerte zwischen 2 und 500 einstellen. Dabei ist nun folgendes zu bedenken. Die Gleichspannung am Punkt A soll ohne Ansteuerung 0 V sein. Das setzt eine eventuelle Offsetkompensation voraus. Weiter soll die Wechselspannungskomponente an A nicht viel größer sein als ± 500 mV$_s$, um im Gebiet der Widerstandsgeraden des FET zu bleiben. In diesem Zusammenhang ist auch die durch R (100 kΩ) eingeführte Gegenkopplung sehr wichtig. Ohne diese linearisierende Schaltung ergeben sich nach *Abb. 4.2-5a* erhebliche Kurvenverzerrungen, die nach *Abb. 4.2-5b* über die Gegenkopplung Drain-Gate stark reduziert werden. Der Widerstand R (100 kΩ) kann optimiert werden, um einen möglichst geringen Klirrgrad der Schaltung zu erhalten. Elegant läßt sich das mit einer Klirrfaktormeßbrücke machen. Aber auch mit dem Oszilloskop ist es nach Abb. 4.2-4 möglich. Dazu wird der Widerstand R mit 250 kΩ als Potentiometer gewählt und auf minimale Kurvenverzerrungen am Ausgang des Operationsverstärkers abgeglichen. Anschließend messen wir ihn aus und löten den entsprechenden Festwiderstand ein. Aus der Praxis heraus ist zu sagen, daß die optimalen Werte für R bei einer Schaltung nach Abb. 4.2-4 zwischen 75 kΩ und 150 kΩ liegen.

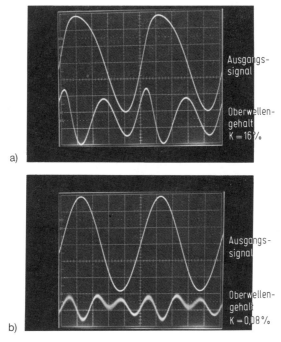

Abb. 4.2-5a und b Die Gegenkopplung reduziert (Abb. unten) die erhebliche Kurvenverzerrung (Abb. oben)

4.3 Siebung der Betriebsspannung

Ein Netzteil mag noch so gut stabilisieren ... was nützt es, wenn
wir eine sinnvolle Siebung vergessen oder falsch anwenden. Und
deshalb wollen wir auf dieses Thema besonders eingehen. Da ist
zunächst die Frage einer zweckmäßigen Siebung der Versorgungsspannung. Um das nun richtig zu machen, sind in den *Abb.
4.3-1a...e* Beispiele aus der Praxis angegeben. Dabei ist es wichtig, die Fußpunkte der Siebung der positiven und negativen
Betriebsspannung auf kürzestem Wege zum gemeinsamen Masse-

punkt des Operationsverstärkers zu führen. Oftmals kann auf eine zusätzliche C-Siebung verzichtet werden. Sie wird aber unumgänglich bei Operationsverstärkern mit hoher „Slew rate" oder Verstärkerschaltungen mit sehr hohen Verstärkungswerten. Nun zu den Prinzipbildern. Werden Operationsverstärker in „impulsverseuchten" Schaltungen betrieben, also besonders bei Schaltkreisen der Digitaltechnik, so steht die Frage der „spikes", der Störimpulse, die der Versorgungsgleichspannung überlagert sind, im Vordergrund. Nach *Abb. 4.3-1a* wird dann direkt am positiven und negativen Versorgungseingang des Operationsverstärkers eine C-Kombination aus einem Folien- oder keramischen Kondensator und einem Tantelelko angeschlossen. Hauptforderung ist, die Verbindungsleitungen der (vier) Kondensatoren so kurz wie möglich und somit so niederohmig wie möglich zu der Fußpunktmasse des Operationsverstärkers zu führen. Diese Fußpunktmasse verstehen wir als das Nullpotential (Masse) des Operationsverstärkers, auf welches das Eingangs- und Ausgangssignal bezogen wird. Für allgemeine Operationsverstärker-Anwendungen genügt oft der Kondensator C_2 als Siebmittel. In besonders schwierigen Fällen, wenn zum Beispiel die Versorgungsleitung durch eine Endstufe stark belastet wird, kann eine R-C-Siebung nach *Abb. 4.3-1b* benutzt werden. Bei einem durchschnittlichen Ruhestrom von 5 mA des Operationsverstärkers wird der Widerstand R so bestimmt, daß an ihm $\leqq$ 1 V abfallen, also

$$R = \frac{U}{1} \leqq \frac{1 \text{ V}}{5 \text{ mA}} \leqq 200 \ \Omega.$$

In diesem Fall darf oft auf $C_2 \geqq 50$ μF nicht verzichtet werden. Diese Siebung wird problemloser, wenn zwei Z-Dioden wie in *Abb. 4.3-1c* benutzt werden. Diese entsprechen mit ihrer Zenerspannung dann der gewünschten Betriebsspannung, also z. B. 12 V. Benötigt wird in einem solchen Fall allerdings eine um den Betrag ΔU_R höhere Versorgungsspannung. Für eine schnelle Ermittlung von R werden I_R (Ruhestrom des Operationsverstärkers) mit 5 mA und I_Z (Zenerstrom) mit 15 mA gewählt. Dann ist

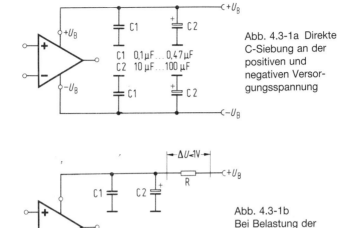

Abb. 4.3-1a Direkte C-Siebung an der positiven und negativen Versorgungsspannung

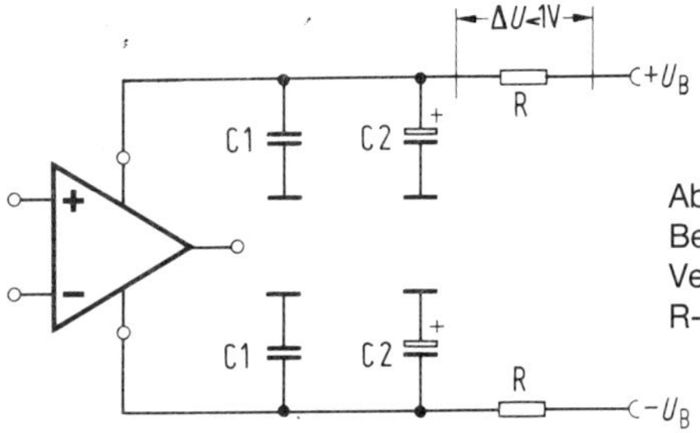

C1 0,1 µF ... 0,47 µF
C2 10 µF ... 100 µF

Abb. 4.3-1b Bei Belastung der Versorgungsleitung: R-C-Siebung

I = 20 mA groß. Für ΔU_R sollten Werte zwischen 3...5 V gewählt werden – abhängig von der zu erwartenden Spannungsinstabilität. Bei ΔU_R = 4 V ist dann

$$R = \frac{4 \text{ V}}{20 \text{ mV}} = 200 \text{ }\Omega \text{ groß.}$$

Die minimale Versorgungsspannung muß mindestens um diesen Betrag gegenüber der Zenerspannung – das ist jetzt die Betriebsspannung des Operationsverstärkers – höher sein. Die parallel zu den Z-Dioden liegenden Kondensatoren haben Werte von 0,1...0,47 µF. Die *Abb. 4.3-1d* und *e* zeigen – wir hatten das auch schon etwas früher gelesen – eine Siebung des Eingangsspannungsteilers beim Betrieb mit einer Spannungsquelle. Die Spannung U_Z soll der halben Betriebsspannung entsprechen. Der Widerstand R_1 wird so gewählt, daß ein Zenerstrom von ca. 3 mA fließt. Der Widerstand R_2 wird mit 220 kΩ...1 MΩ gewählt. Für

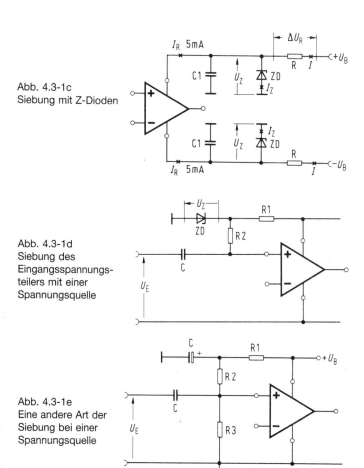

Abb. 4.3-1c
Siebung mit Z-Dioden

Abb. 4.3-1d
Siebung des
Eingangsspannungs-
teilers mit einer
Spannungsquelle

Abb. 4.3-1e
Eine andere Art der
Siebung bei einer
Spannungsquelle

die Abb. 4.3-1 entspricht die Summe von $R_1 + R_2 = R_3$. Dabei werden R_1 und R_2 so gewählt, daß

$$R_1 = \frac{1}{4} \cdot R_3$$

ist, also zum Beispiel $R_3 = 1$ MΩ; $R_1 = 250$ kΩ; $R_2 = 750$ kΩ.

199

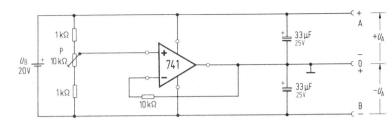

Abb. 4.4-1 Aus einer Versorgungsspannung macht die Schaltung zwei gegenpolige Spannungen

4.4 Netzteilanwendungen

Duale Stromversorgung

Dazu zunächst einmal die *Abb. 4.4-1.* Diese Schaltung ist recht einfach zu übersehen. Der Ausgang wird an Masse gelegt, so daß dadurch ein virtueller Mittelpunkt der Betriebsspannung U_B – hier als Batterie gezeigt – entsteht. Mit dem Potentiometer P kann jetzt die Spannung U (A-M) und U (B-M) eingestellt werden. Steht P auf Mitte, so entstehen zwei gleich große Ausgangsspannungen, deren Summe dem Wert U_B entspricht. Diese Schaltung ist geeignet, um Versuchsschaltungen mit Operationsverstärkern mit dualer Spannungsversorgung anzuschließen. Beträgt die Spannung U_B zum Beispiel 25 V, so können am Ausgang zwei gegenpolige Spannungen von je 12,5 V erhalten werden. Nun ist allerdings zu bedenken, daß der maximale Ausgangsstrom ca. 20 mA beträgt.

Ein einfacher Spannungskonstanter

Die Schaltung ist in *Abb. 4.4-2* gezeigt. In Serie zu der Referenzdiode ist eine Silizium-Diode geschaltet, die den Temperaturkoeffizienten der Referenzspannung erheblich verbessert. Die Refe-

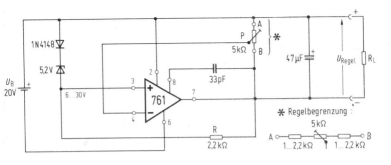

Abb. 4.4-2 Diese Schaltung hält die Spannung konstant

renzspannung beträgt somit 5,2 V + 0,6 V ≅ 5,8 V. Das bedeutet, daß die Spannung U_A einen bestimmten Betrag nicht unterschreiten darf. Somit läßt sich die Ausgangsspannung von etwa 8...18 V bei einer Betriebsspannung von 20 V einstellen. Durch geeignete Änderungen der Größen ist diese Schaltung leicht für spezielle Anforderungen umzubauen.

Die wichtigsten Daten sind: etwa 2,5 mV ΔU_A bei $\Delta I_A =$ 40 mA. Bei einer eingestellten Ausgangsspannung von 10 V ergibt die Änderung von 1 V Betriebsspannung eine Änderung der Ausgangsspannung von nur ca. 1 mV! Der Innenwiderstand der Schaltung ist mit etwa 75 MΩ sehr klein. Werden größere Leistungen gefordert, so läßt sich auch hier leicht eine Leistungsendstufe anschließen, wobei die Zweige der Gegenkopplung dann direkt an den Ausgang geschaltet sein müssen. Achtung, nicht kurzschlußfest! Sicherung oder Strombegrenzung vorsehen.

Der Operationsverstärker als Steuerelement eines Dreipunktreglers

Der Dreipunktregler hat die Aufgabe – als Netzregel-IS – die Ausgangsspannung U_A konstant zu halten. Egal, ob sich der Ausgangsstrom – in den vorgeschriebenen Grenzen – ändert oder nicht. Egal, ob die Eingangsspannung U_E größer oder kleiner wird.

201

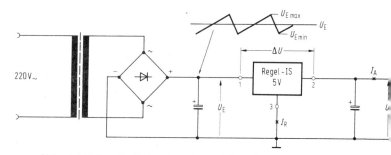

Abb. 4.4-3 So ein Dreipunktregler enthält schon einen internen OP-AMP, wir sehen ihn nur nicht...

Nun sind da allerdings ein paar Feinheiten aus der Praxis zu beachten. Zunächst einmal soll die Differenzspannung ΔU zwischen Eingang und Ausgang des Reglers nicht kleiner als 3,5 V werden. Es versteht sich dabei von selbst, daß Spannung U_A größer sein muß als U_E. Das läßt sich auch recht einfach schreiben, zum Beispiel als $U_E = \Delta U + U_A$, oder, wie gesagt, $U_E = 3,5$ V + U_A. Zunächst einmal können wir die Spannung U_A nicht beliebig ändern, denn die Industrie liefert sie mit festgelegten Werten von zum Beispiel 5 V, 8 V, 10 V, 12 V, 15 V, 18 V, 24 V. Übrigens als Positiv- oder Negativ-Regler, also für eine positive oder negative Ausgangsspannung. Wissen sollten wir auch noch für weitere Betrachtungen, daß in *Abb. 4.4-3* der Ruhestrom I_R so um die 5 mA beträgt – gleich, ob viel oder wenig Ausgangsstrom fließt. Die Vorteile des Reglers sind nun zweifellos der geringe schaltungstechnische Aufwand für eine hervorragende elektronische Spannungsstabilisierung mit geringem Innenwiderstand. Hinzu kommt, daß diese Regler auch noch kurzschlußfest sind.

Was sie nun nicht können, ist die einfache Regelung ihrer Ausgangsspannung auf andere Werte als die, für die sie erfunden wurden. Nun kommt es aber auch gerade in der Hobby-Praxis häufig vor, daß die Betriebsspannung einer Schaltung eingestellt werden müßte. Also die Forderung, welche das „Dreibein" von Haus aus nicht erfüllt. Das läßt sich jedoch mit Hilfe eines zusätzlichen Operationsverstärkers in idealer Weise erfüllen. Für derartige Schaltungsanwendungen ist es sinnvoll, einen Dreipunktregler mit kleiner U_A zu wählen, also z. B. 5 V. Das Prinzip dieser Regelung ist in Abb. 4.4-3 gezeigt. Das Potentiometer P stellt den Steueranschluß der Regel-IS von -5 V...$+20$ V ein. Demgemäß folgt eine stabilisierte Ausgangsspannung von 0 bis 25 V, wenn es sich um einen 5-V-Regler handelt.

Nun hat die Schaltung Abb. 4.4-3 aber Mängel. Sie soll auch nur das Prinzip der möglichen Ausgangsspannungsregelung zeigen. Die „verbesserte" Ausführung ist in der *Abb. 4.4-6* gezeigt. Für die kommenden Schaltungen der Praxis, die wir gleich besprechen, ist ein Gesichtspunkt ganz wichtig: Wenn auch die Regeleigenschaften der betreffenden IS weitgehend erhalten bleiben, so müssen wir bei dem Thema „maximale Verlustleistung" beachten: Die Verlustleistung einer Regel-IS errechnet sich – der Ruhestrom I_R darf vernachlässigt werden – aus dem Produkt von $P = \Delta U \cdot I_A$. Beim richtigen Einsatz einer Regel-IS versucht nun der Profi, die Spannung U_E so klein wie möglich zu wählen, so daß ΔU in der Größenordnung von $= 3,5$ V bleibt. Zu berücksichtigen ist dabei, daß der „Worstcase"-Fall hier angenommen werden muß, also volle Belastung, kleinste Ausgangsspannung und Berücksichtigung des Spannungspotentials der Sägezahnkurve am Ladeelko nach Abb. 4.4-3. Also den kleinsten Wert von U_E. Wird jedoch das Null-(Masse-)Potential der IS geregelt, so ist die Voraussetzung kleinster Werte für ΔU nicht mehr gegeben. Der unangenehmste Fall ergibt sich für die IS bei kleinster Spannung U_A und vollem Laststrom. Dazu der Beweis. nach *Abb. 4.4-4* ist die Verlustspannung der IS bei $U_A = 20$ V und $I_L = 1$ A

$$P = \Delta U \cdot I_L = 5 \text{ V} \cdot 1 \text{ A} = 5 \text{ W groß.}$$

Wird die Ausgangsspannung auf z. B. 1 V geregelt, so ist die Leistung bei gleichem Laststrom

$$P = \Delta U \cdot I_L = 24 \text{ V} \cdot 1 \text{ A} = 24 \text{ W!}$$

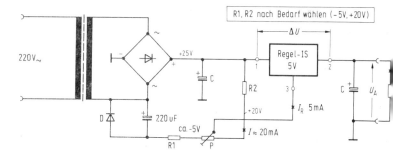

Abb. 4.4-4 ...aber so kommen wir an ihn heran

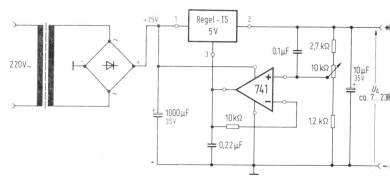

Abb. 4.4-5 Dieser Spannungsregler kann von 7 V bis 23 V eingestellt werden

Das ist zunächst für die Auswahl der Leistung der IS zu berücksichtigen. Also gleich eine IS höherer Leistung in die Wahl ziehen und mit ausreichender Kühlfläche arbeiten. Nun zu den Schaltungen. Da stehen zwei zur Auswahl. Zunächst die Schaltung *Abb. 4.4-5*. Dort ist eine Ausgangsspannungsregelung von etwa 7 bis 23 V gegeben. Berücksichtigt werden 2 V Sättigungsspannung im oberen und unteren Bereich für den Operationsverstärker.

Die Abb. 4.4-6 zeigt die Regelung bei einer Schaltung mit zusätzlicher negativer Hilfsspannung. Hier kann ähnlich der Abb. 4.4-4 die Ausgangsspannung von etwa 0,5...23 V eingestellt wer-

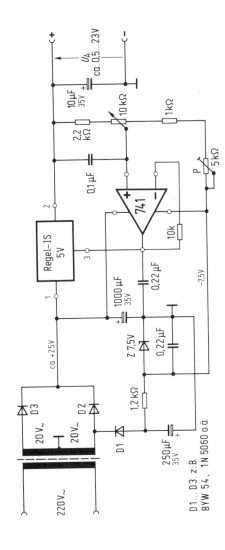

Abb. 4.4-6 Mit der zusätzlichen negativen Hilfsspannung erweitern wir den Einstellbereich bis hinab zu etwa 0,5 V Ausgangsspannung

205

den. Die Leistung der Gleichrichterdioden D 1...D 3 ist mit der gewählten Netzregel-IS in Einklang zu bringen. Das Einstellpotentiometer P dient dazu, den unteren – stabilen – Gleichspannungswert des Ausganges einzustellen.

4.5 Rechteckgenerator
mit veränderlicher Impulsbreite

Für Steuer- und Meßzwecke werden in der Elektronik oft Rechtecksignale benötigt, deren Tastverhältnis bei konstanter Spannungsamplitude regelbar ist. Derartige Generatoren eignen sich auch für Untersuchungen an Niederfrequenzverstärkern. Einmal für die Analyse der Verstärkung bei verschiedenen Frequenzen und zum anderen ebenfalls für eine oszilloskopische Untersuchung hinsichtlich des Überschwingverhaltens derartiger Verstärker.

Der in *Abb. 4.5-1a* gezeigte Generator arbeitet mit dem OP vom Typ 741. Mit dem Schalter S kann in zwei Schaltstellungen der Frequenzbereich von 20 Hz...20 kHz überbrückt werden. Der mit C_x angedeutete Kondensator kann die Bereiche erweitern, einmal zu noch tieferen Frequenzen hin und zum anderen zu höheren Frequenzen, wobei dann allerdings ein OP mit höherer Slew rate – z. B. der Typ MC 1539 oder LF 357 – erforderlich ist. Die Oszillogramme laut *Abb. 4.5-2a* und *b* zeigen in der Schaltung Abb. 4.5-1a die Grenzen der Auflösung. Ein 20-kHz-Rechtecksignal mit dem OP vom Typ 741 zeigt bereits ein starkes Trapezverhalten. Bei 40-kHz-Signalfrequenz wird das Ausgangssignal dreieckförmig.

Die Potentiometer P 1 und P 2 stellen nun sowohl die Frequenz als auch die Impulsbreite ein. Werden beide gemeinsam betätigt, so ändert sich die Frequenz, das Impulsaussehen bleibt unverändert. Wird hingegen nur ein Potentiometer betätigt, so entsteht ein asymmetrisches positives oder negatives Rechtecksignal. An das in Abb. 4.5-1a zeigte Kreuz im Potentiometerzweig kann ein

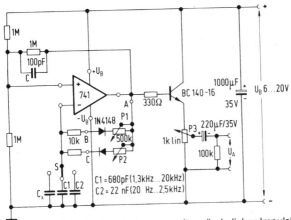

Abb. 4.5-1a Rechteckgenerator mit veränderlicher Impulsbreite

Abb. 4.5-1b Spannungsdiagramm
der Ausgangsspannung

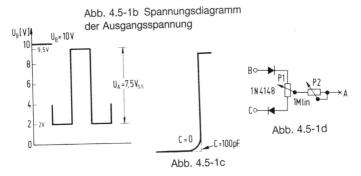

Abb. 4.5-1c

Abb. 4.5-1d

zusätzliches Potentiometer (500 kΩ) geschaltet werden. Dann wird unabhängig von der Stellung von P 1 und P 2 mit diesem Regler die Frequenz beeinflußt.

Die *Abb. 4.5-1d* zeigt eine Möglichkeit der getrennten Impuls- und Frequenzeinstellung. Diese Schaltungsanordnung wird an den Punkten A-B-C der Abb. 4.5-1a eingefügt. Mit dem Potentiometer P 1 wird das Tastverhältnis geändert. Das Potentiometer P 2 beeinflußt vorwiegend das Frequenzverhalten. Es ist sinnvoll, das Potentiometer P 1 evtl. größer als 1 MΩ zu wählen, um auch

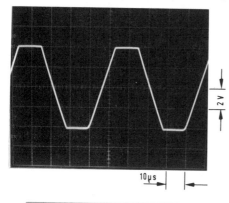

Abb. 4.5-2a
Oszillogramm
des Rechteck-
generators,
siehe Text

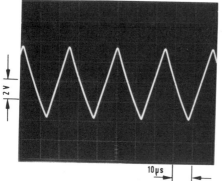

Abb. 4.5-2b
Oszillogramm
des Rechteck-
generators,
siehe Text

in tiefen Frequenzgebieten (P 2 = 1 MΩ) noch die Möglichkeit der positiven und negativen Nadelimpulsbildung zu erhalten.

Das Signal wird über einen Emitterfolger entkoppelt. Das Potentiometer P 3 regelt die Ausgangsspannung. Das Ausgangssignal gelangt über einen Koppelkondensator an die Anschlußbuchsen. Der 100-kΩ-Abschlußwiderstand sorgt für einen gleichspannungsfreien Anschluß an das Meßobjekt.

Nach *Abb. 4.5-1b* beträgt die Ausgangsspannung 7,5 V_{ss} bei einer Betriebsspannung von 10 V. In der Abb. ist der Pegel am Ausgang des OP eingezeichnet. Es ist zu erkennen, daß das

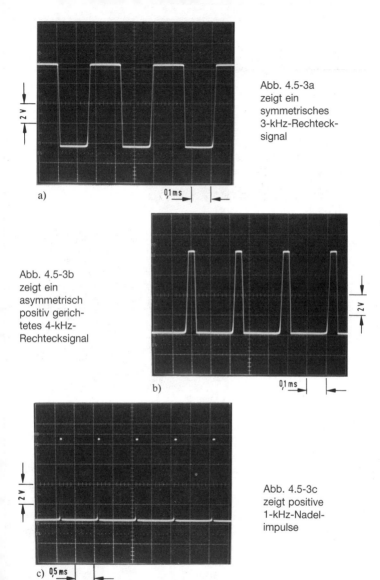

Abb. 4.5-3a zeigt ein symmetrisches 3-kHz-Rechtecksignal

Abb. 4.5-3b zeigt ein asymmetrisch positiv gerichtetes 4-kHz-Rechtecksignal

Abb. 4.5-3c zeigt positive 1-kHz-Nadelimpulse

209

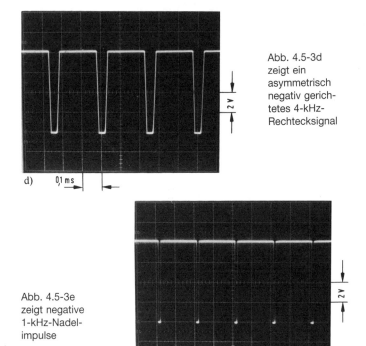

Abb. 4.5-3d zeigt ein asymmetrisch negativ gerichtetes 4-kHz-Rechtecksignal

d) 0,1 ms

Abb. 4.5-3e zeigt negative 1-kHz-Nadel-impulse

e) 0,5 ms

Ausgangssignal zwischen +2 V und +9,5 V pendelt. Diese Signal-amplitude ist konstant, da die Rechteckform des Signals durch die Begrenzung innerhalb des OP gebildet wird. Das Ausgangssignal ist somit lediglich von der Höhe der Betriebsspannung abhängig. Soll die Rechteckamplitude für eine andere Betriebsspannung ermittelt werden, so beträgt diese etwa $U_{A_{ss}} = U_B - 2,5$ V. Also: eine Betriebsspannung von 18 V erzeugt ein Rechtecksignal von ca. 15,5 V_{ss}. Die Stromaufnahme der Schaltung beträgt ca. 3 mA.

In der *Abb. 4.5-1c* ist das Spannungsverhalten beim Umkippen der Schaltzustände gezeigt. Durch den Kondensator C = 100 pF kann das Rechteckverhalten weitgehend verbessert werden. Anfangs wurde bereits erwähnt, daß die Regler P 1 und P 2 das Ausgangssignal von einer positiven zu einer negativen Unsymmetrie regeln können. Das zeigen die Oszillogramme der *Abb. 4.5-3a...e.*

4.6 Tongenerator

Der Elektroniker prüft sehr viele Schaltungen mit Signalquellen, bei denen die Amplitude und auch die Frequenz des Prüfsignales geregelt werden kann. Sehr häufig werden auch Rechtecksignale benutzt, die eine Reihe von Vorteilen bieten. Das Prüfsignal wird an den Eingang es zu prüfenden Gerätes angeschlossen. Die Höhe der Prüfspannung – Amplitude – wird dabei so gewählt, daß der zu prüfende Verstärker, z. B. ein NF-Verstärker, nicht übersteuert wird. Sind dafür keine Meß- und Kontrollmöglichkeiten vorhanden, so ist es am einfachsten so festzustellen, ob eine Vergrößerung der Amplitude auch eine wirkliche Lautstärkenänderung nach sich zieht. Es ist daran zu denken, daß ein NF-Verstärker bereits mit wenigen mV voll aussteuerbar ist. Also muß der Regler für den Ausgang des Prüfsignals auch ein entsprechend kleines Spannungsteilerverhältnis bilden können.

Die Schaltung ist in *Abb. 4.6-1* zu sehen. Sie ist einfach und unkompliziert aufzubauen und weist dabei noch viele Vorteile auf. Mit drei umschaltbaren Kondensatoren werden die Frequenzen zwischen 7 Hz und 40 kHz erzeugt. Das Potentiometer P 1 regelt jeweils den in der Abb. 4.6-1 angegebenen Frequenzumfang. Am Leistungsausgang ist der Emitterwiderstand des Transistors regelbar gemacht worden, so daß hier sehr einfach die Ausgangsspannung geregelt werden kann.

Die Ausgangsspannung ist über den angegebenen Frequenzbereich konstant. Das ist ein weiterer Vorteil, da so sehr leicht Vergleichsmessungen bei verschiedenen Frequenzen gemacht

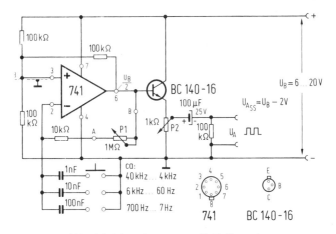

Abb. 4.6-1 Impulsgenerator für Prüfzwecke

werden können. Die Höhe der Ausgangsspannung beträgt etwa 2 V weniger als die vorhandene Betriebsspannung. Bei einer 9-V-Batterie erhält man 7 V_{ss} und bei 20 V Batteriespannung ca. 18 V_{ss} Ausgangsspannung.

4.7 Funktionsgenerator

In der Elektronik werden zur Ansteuerung von Schaltungen oft Signale von verschiedener Kurvenform benötigt. Steht ein Sinusoszillator zur Verfügung, so ist es sehr einfach, mit zwei weiteren OPs ein Rechteck- und ein Dreiecksignal zu erzeugen.

Die Schaltung ist in *Abb. 4.7-1* zu sehen. Das Sinussignal steuert am invertierenden Eingang den OP Typ LF 356 an. Es handelt sich hier um einen „schnellen" OP mit einer Slew rate von 12 V/$_{\mu s}$. Das ist in diesem Fall erforderlich, um ein Rechtecksignal mit steilen Flanken auch bei höheren Steuerfrequenzen zu erhalten. Der OP LF 356 erzeugt das Rechtecksignal aus dem Sinussteuersignal durch Übersteuerung, also Begrenzung in positiver

212

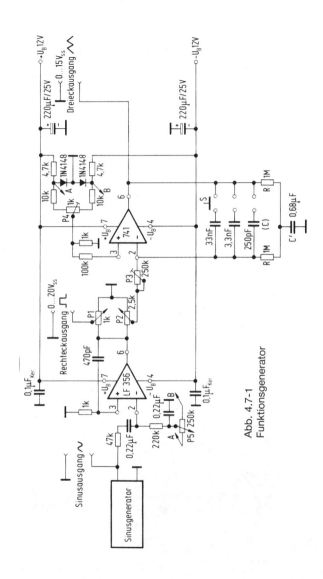

Abb. 4.7-1
Funktionsgenerator

213

und negativer Richtung. Zur Erhöhung der Flankensteilheit während des Umschaltens ist in dem Mitkopplungszweig ein 470-pF-Kondensator eingefügt. Das Rechteckausgangssignal wird mit dem Regler P 1 den entsprechenden Ausgangsbuchsen zugeführt. Die maximale Flankensteilheit beträgt bei vollem Ausgangsspannungshub von 20 V_{ss} 2 µs. Das Potentiometer P 5 gestattet darüber hinaus eine Änderung der Symmetrie des Rechtecksignales und damit ebenfalls am Dreieckausgang die Änderung der Dreieckspannung zu einem positiven oder negativen ansteigenden Sägezahnsignal.

Der OP 741 arbeitet in der Schaltung nach Abb. 4.7-1 als Dual-Slope-Integrator. Die Amplitude der Dreieckspannung wird durch das Potentiometer P 2 geregelt. Das Potentiometer P 3 wird mit dem jeweils eingeschalteten Kondensator C so eingestellt, daß die Ausgangsspannung bei voller Rechteckeingangsspannung nicht größer als 15 V_{ss} ist. Kommt es zu einer unsymmetrischen Begrenzung, so kann mit dem Regler P 4 die Offsetspannung entsprechend kompensiert werden.

Die durch den Schalter S eingeschalteten Bereichskondensatoren richten sich in ihren Größen nach den gewünschten Frequenzbereichen. So erlaubt der 250-pF-Kondensator noch Dreieckspannungen von höher als 20 kHz. Das Oszillogramm *Abb. 4.7-2* zeigt das Eingangsrechtecksignal und die Dreieckausgangsspannung bei einer Frequenz von 10 kHz. Der Zeitmaßstab beträgt

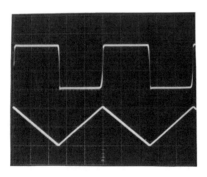

Abb. 4.7-2
Oszillogramm zum
Funktionsgenerator

214

20 µs/Teil, die Rechteckspannung hat eine Amplitude von 22 V_{ss}, und das Sägezahnsignal ist 10 V_{ss} groß.

Bei den Überlegungen der Dimensionierung ist zu berücksichtigen, daß die abgeblockte Gleichstromschleife aus den beiden Widerständen R und dem Kondensator C' so gewählt wird, daß $R \cdot C' \gg P\,3 \cdot C$ ist. Dabei ist meist ein vierfacher Wert von τ schon ausreichend. Um eine gute Linearität der Sägezahnspannung zu erreichen, soll ferner

$$\tau = R \cdot C = 5 \cdot \frac{1}{f}$$

sein; dabei ist f die Folgefrequenz der Rechteckschwingung.

4.8 NF-Millivoltmeter

Die Niederfrequenzmeßtechnik kann aufgrund des guten Verstärkungs-Frequenzverhaltens in diesem Gebiet den OP hier auf breiter Basis einsetzen. In der *Abb. 4.8-1* sind drei OPs I, II und III für die Schaltung eines Millivoltmeters benutzt worden. Alle drei OPs erfüllen unterschiedliche Funktionen in diesem Gerät.

Die wichtigsten Daten des Gerätes sind:

Meßbereiche:	300 µV...10 V,
	in Stufen 1-3-1 für den Endausschlag.
Frequenzbereich:	> 100 kHz,
	abhängig von dem Typ der benutzten OPs.

Die drei oben erwähnten Funktionen in der Schaltung sind:

OP I:	Präzisionsmeßgleichrichter
OP II:	Vorverstärker mit Bereichsumschaltung × 3
OP III:	Bereichsabschwächer.

OP I: Er erfüllt die Aufgabe eines Präzisionsmeßgleichrichters. Mit den in Brückenschaltung benutzten Dioden AA 144 – es

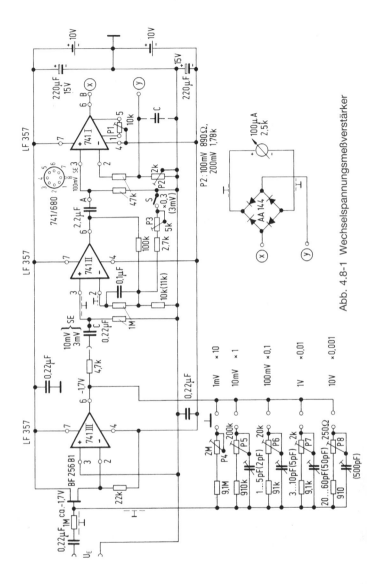

Abb. 4.8-1 Wechselspannungsmeßverstärker

216

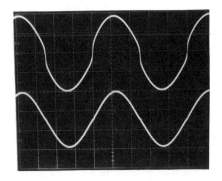

Abb. 4.8-2
Oszillogramm zum
Meßverstärker

können auch ähnliche Germaniumdioden benutzt werden – und der hohen Gegenkopplung wird eine lineare Wechselspannungsanzeige auf dem 100-µA-Instrument erreicht. Das quadratische Kennliniengebiet, welches bei sonst üblichen Gleichrichterschaltungen im unteren Teil der Anzeige zu starken Skalenunlinearitäten führt, wird hier durch die in dem Gebiet der Anlaufspannung auftretende volle Leerlaufverstärkung kompensiert. Das Oszillogramm der Ausgangsspannung am Punkt B und das am invertierenden Eingang Punkt 2 ist in der *Abb. 4.8-2* gezeigt. Das Meßwerk kann eine lineare Skalenteilung erhalten. Die Daten des Meßwerkes können zwischen 50 µA und 500 µA (1 mA) liegen ohne merkbaren Einfluß auf die Schaltung. Es kann dann bei Wahl eines anderen als des in der Abb. 4.8-1 benutzten Meßwerkes lediglich erforderlich werden, den Wert von P 2 der Änderung optimal anzupassen.

Der Wert von P 2 bestimmt die Verstärkung der Schaltung. Es ist sinnvoll, den OP I mit einer Verstärkung zwischen 0,5 und 5 zu betreiben, um z. B. bei dem hier benutzten Typ 741 das Frequenzgebiet bis 100 kHz voll nutzen zu können. Durch den gestrichelt eingezeichneten Kondensator C kann eine Frequenzanhebung erfolgen. Der Wert liegt je nach Schaltungsaufbau und eingestellter Verstärkung zwischen 100 pF und 680 pF und muß experimentell durch eine Vergleichsmessung ermittelt werden.

Für den OP I ist eine Offsetspannungskompensation vorgenommen worden. Das Potentiometer P 1 ist an die dafür vorgesehenen Anschlüsse 1 und 5 angeschlossen. Der Abgleich erfolgt so, daß bei Eingangsspannung Null ein an dem Punkt B gegen Masse angeschlossenes Gleichspannungsmeßinstrument die Spannung Null anzeigt. Ist dieser Abgleich vorgenommen, dann werden an dem Punkt A 100 mV$_{eff}$ Sinusspannung (1...10 kHz) eingespeist und mit P 2 der Zeiger auf Endausschlag gestellt. Damit ist der Meßgleichrichter funktionsfähig. Diese Schaltgruppe um den OP I kann auch einzeln einer Anwendung zugeführt werden, wenn Wechselspannungen zwischen 0 mV und 100 mV gemessen werden sollen. Die Offsetkompensation erfolgt dann mit einem 1-kΩ-Potentiometer, welches zwischen den Anschlüssen 1 und 8 angeschlossen wird. Der Schleifer erhält das positive Betriebsspannungspotential.

OP II: Dieser OP bildet die eigentliche Verstärkerstufe. Es sind zwei Schaltstellungen vorgesehen. Ist der Schalter S eingeschaltet, so erfolgt die Gegenkopplung über den 100-kΩ- und 10-kΩ-Widerstand. Bei dem rechnerischen Wert von 11,1 kΩ stellt sich eine 10fache Verstärkung ein. Auf die Genauigkeit dieses Wertes kommt es hier jedoch nicht an, da anschließend bei einer in Punkt C eingespeisten 10 mV$_{eff}$ großen Sinusspannung der Endausschlag mit P 2 korrigiert werden kann.

Wird der Schalter S geschlossen, so wird die zurückgeführte Spannung verkleinert, die Verstärkung steigt. Der Regler P 3 wird jetzt so eingestellt, daß bei 3 mV Eingangsspannung der Zeiger auf dem Endwert 3 der Skala steht. Damit ist auch die Stufe II abgeglichen und funktionsfähig. Das Millivoltmeter ist so mit der Stufe I und II abgeschlossen und bildet ein komplettes Gerät.

OP III: In der Stufe III ist gezeigt, wie mit einfachen Mitteln ein elektronischer Abschwächer aufgebaut werden kann, wenn dieses durch die Wahl verschiedener Gegenkopplungswerte des OP erfolgt.

Der Feldeffekttransistor BF 256 B 1 ist galvanisch mit dem invertierenden Eingang des OP verbunden. Er arbeitet als Sourcefolger, wobei er voll mit in den Gegenkopplungszweig einbezogen wird. In Serie zu dem Gateanschluß liegt vom Meßeingang gesehen ein 1-MΩ-Widerstand. Dieser bildet mit seiner Größe den eigentlichen Eingangswiderstand des Meßgerätes. Durch die Wahl der Gegenkopplungsschaltung wird der Feldeffekttransistor weitgehend geschützt, da so die Eingangsspannung am Gate aufgrund der zurückgeführten Gegenkopplungsspannung nicht größer als wenige mV wird. Der nichtinvertierende Eingang Punkt 3 ist an Massepotential gelegt. Dadurch wird über die Gegenkopplung der invertierende Eingang 2 ebenfalls Nullpotential erhalten. Das bedeutet nun, daß die Gate-Source-Spannung von ca. 1,7 V am Ausgang des OP und am Gate mit ca. $-1,7$ V gegen Masse gemessen wird. Aus dem Grunde erfolgt die Ankopplung an das Gate über den 0,22-µF-Kondensator.

In fünf Schaltstellungen werden die Bereichswerte × 10; × 1; × 0,1; × 0,01 und × 0,001 erreicht. Das bedeutet für den Endausschlag – so, wie es in der Abb. 4.8-1 aufgeführt ist –, daß der empfindlichste Bereich 1 mV oder über die Bereichserweiterung des Schalters S in Stufe II 0,3 mV beträgt. Das ist ein Gebiet, in welchem Brummstörungen bereits erhebliche Schwierigkeiten bereiten können. Weiterhin machen sich bereits Rauschspannungen als Zeigerausschlag bemerkbar. Ein gut abgeschirmter Aufbau und die Wahl guter – rauscharmer – OPs helfen hier.

Für den Abgleich wird die jeweils gewünschte Bereichsspannung am Eingang angeschlossen und mit dem Potentiometer P 4...P 8 der Zeigerausschlag eingestellt. Parallel zu den Widerständen in dem Gegenkoppelzweig liegen Klein-Kondensatoren angeordnet. Sie dienen der Frequenzkompensation. Der Abgleich erfolgt am einfachsten durch Einspeisen eines 1-kHz-Rechtecksignales in die Eingangsspannung. Ein Oszilloskop wird an dem Ausgang hinter dem 4,7-kΩ-Widerstand (Punkt C) angeschlossen. Die Trimmer werden so eingestellt, daß eine optimale Flankensteilheit ohne Überschwingen erreicht wird. Die Werte sind weitgehend von der Kapazität der abgeschirmten Leitungen im Eingang abhängig. Mittelwerte sind in der Abb. 4.8-1 in Klammern stehend angegeben.

Ein entsprechendes Netzteil für das Gerät ist problemlos aufzubauen. Die Ströme der Versorgungsleitungen liegen je nach benutztem Typ des OP zwischen 10 mA und 40 mA.